2017 中国生态环境统计年报

ANNUAL STATISTIC REPORT ON ECOLOGY AND ENVIRONMENT IN CHINA

中华人民共和国生态环境部 编

MINISTRY OF ECOLOGY AND ENVIRONMENT OF THE PEOPLE'S REPUBLIC OF CHINA

中国环境出版集团 · 北京

图书在版编目（CIP）数据

中国生态环境统计年报. 2017 /中华人民共和国生态环境部编.—北京：中国环境出版集团，2021.7

ISBN 978-7-5111-4785-1

Ⅰ. ①中… Ⅱ. ①中… Ⅲ. ①环境统计—统计资料—中国—2017—年报 Ⅳ. ①X508.2-54

中国版本图书馆 CIP 数据核字（2021）第 133279 号

出 版 人	武德凯
责任编辑	殷玉婷
责任校对	任　丽
封面设计	彭　杉

出版发行	中国环境出版集团
	（100062　北京市东城区广渠门内大街 16 号）
	网　　址：http://www.cesp.com.cn
	电子邮箱：bjgl@cesp.com.cn
	联系电话：010-67112765（编辑管理部）
	发行热线：010-67125803，010-67113405（传真）
印　　刷	北京中科印刷有限公司
经　　销	各地新华书店
版　　次	2021 年 7 月第 1 版
印　　次	2021 年 7 月第 1 次印刷
开　　本	880×1230　1/16
印　　张	8.75
字　　数	186 千字
定　　价	120.00 元

编 委 会

《中国生态环境统计年报 2017》

各章编写作者

综　述	董广霞
第 1 章　调查对象	董广霞
第 2 章　废水污染物	吕　卓
第 3 章　废气污染物	李　曼
第 4 章　工业固体废物和危险废物	赵银慧
第 5 章　污染治理设施	赵文江
第 6 章　生态环境污染治理投资	李　曼
第 7 章　生态环境管理	王　鑫
第 8 章　全国辐射环境水平	王　蕾
第 9 章　各地区污染排放及治理统计	赵文江
第 10 章　各工业行业污染排放及治理统计	赵文江
第 11 章　各地区生态环境管理统计	王　鑫
第 12 章　主要生态环境统计指标解释	赵文江

编者说明

一、本年报资料覆盖全国 31 个省（自治区、直辖市）及新疆生产建设兵团数据，未包括香港特别行政区、澳门特别行政区以及台湾省数据。

二、本年报主要反映中国环境污染排放、治理及环境管理情况。主要内容包括调查对象基本情况、废水污染物排放情况、废气污染物排放情况、工业固体废物和危险污染物产生及处理情况、污染治理设施情况、环境污染治理投资、环境管理和全国辐射环境水平等。

三、统计范围

本年报统计范围为有污染物排放的工业污染源（以下简称工业源）、农业污染源（以下简称农业源）、生活污染源（以下简称生活源）、集中式污染治理设施和移动源。

工业源包括《国民经济行业分类》（GB/T 4754—2017）中行业代码为 05～46 的 42 个大类行业。

工业企业污染防治投资情况的年报范围为调查年度内施工的老工业源的污染治理项目投资，以及当年完成“三同时”环保验收的工业类建设项目环保投资。

农业源包括畜禽养殖业中的大型畜禽养殖场（生猪设计年出栏量≥5 000 头、奶牛设计年存栏量≥500 头、肉牛设计年出栏量≥1 000 头、蛋鸡年设计存栏量≥15 万羽、肉鸡年设计出栏量≥30 万羽）。

生活源包括《国民经济行业分类》（GB/T 4754—2017）中的第三产业以及城镇居民生活源；生活源废气污染物排放包括农村生活源。

集中式污染治理设施包括集中式污水处理单位、生活垃圾集中处理处置单位、危险废物集中利用处置（处理）单位。

移动源包括机动车污染源。

环境管理反映环保系统自身能力建设、业务工作进展及成果等情况，调查范围主要包括环境信访、环境法制及环境应急情况，环境科技与标准情况，环境影响评价情况，环境监测情况，自然生态保护与建设情况，辐射环境监测情况，环境监察执法情况等方面的内容。

四、与《中国环境统计年报 2015》相比，删减了“2. 废水污染物中重点流域、沿海地区废水污染物排放情况”“3. 大气污染防治重点区域废气污染物排放情况”等内容。

五、本年报中所有分项加和、合计值与占比数据修约均根据原始统计数据进行计算及进位，与修约后的数据直接计算结果可能有所不同。

目录

II

6 生态环境污染治理投资 41～44

7 生态环境管理 45～48

8 全国辐射环境水平 49～51

9 各地区污染排放及治理统计 52～83

Ⅳ

12 主要生态环境统计指标解释 108～127

综　述

2017 年，党中央、国务院对生态文明建设和环境保护做出一系列重大决策部署，特别是党的十九大的召开，把生态文明建设和生态环境保护提升到前所未有的战略高度。各地区、各部门认真落实党中央、国务院决策部署，紧紧围绕“加强生态环境保护，建设美丽中国”的新发展理念，以改善环境质量为核心，以解决突出环境问题为重点，扎实推进环境保护工作，取得积极进展。

2017 年，全国废水中化学需氧量排放量为 608.9 万吨，其中，工业源废水中化学需氧量排放量为 91.0 万吨，农业源化学需氧量排放量为 31.8 万吨，生活源污水中化学需氧量排放量为 483.8 万吨，集中式污染治理设施废水（含渗滤液）中化学需氧量排放量为 2.3 万吨。全国废水中氨氮排放量为 50.9 万吨。其中，工业源废水中氨氮排放量为 4.4 万吨，农业源氨氮排放量为 0.7 万吨，生活源污水中氨氮排放量为 45.4 万吨，集中式污染治理设施废水（含渗滤液）中氨氮排放量为 0.3 万吨。

2017 年，全国废气中二氧化硫排放量为 610.8 万吨，其中，工业源废气中二氧化硫排放量为 529.9 万吨，生活源废气中二氧化硫排放量为 80.5 万吨，集中式污染治理设施废气中二氧化硫排放量为 0.4 万吨。全国废气中氮氧化物排放量为 1 348.4 万吨，其中，工业源废气中氮氧化物排放量为 646.5 万吨，生活源废气中氮氧化物排放量为 59.2 万吨，移动源废气中氮氧化物排放量为 641.2 万吨，集中式污染治理设施废气中氮氧化物排放量为 1.5 万吨。全国废气中颗粒物排放量为 1 284.9 万吨，其中，工业源废气中颗粒物排放量为 1 067.0 万吨，生活源废气中颗粒物排放量为 206.1 万吨，移动源废气中颗粒物排放量为 11.4 万吨，集中式污染治理设施废气中颗粒物排放量为 0.4 万吨。

2017 年，全国一般工业固体废物产生量为 38.7 亿吨，综合利用量为 20.6 亿吨，处置量为 9.4 亿吨。全国工业危险废物产生量为 6 581.3 万吨，综合利用处置量为 5 972.7 万吨。

2017 年，调查统计污水处理厂 7 536 家，设计处理能力为 2.2 亿吨/日，全年共处理废水 627.2 亿吨；调查统计生活垃圾处理场（厂）2 323 家，生活垃圾填埋量 2.1 亿吨、焚烧处理量 0.9 亿吨；调查统计危险废物集中处理厂 1 203 家、医疗废物集中处理厂 302 家，实际处置危险废物 912.6 万吨。

1

调查对象

1.1 调查对象总体情况

工业源调查采取对重点调查单位逐家调查，农业源调查采取对大型畜禽养殖场逐家调查，生活源调查采取以地市级行政单位为单位整体调查，集中式污染治理设施调查采取逐家调查；移动源调查采取以省级行政单位为单位整体调查。

2017 年，工业源、农业源和集中式污染治理设施调查对象共 160 988 家，其中，工业企业 138 481 家，大型畜禽养殖场 11 143 家，污水处理厂 7 536 家，垃圾处理场（厂）2 323 家，危险废物集中处理厂 1 203 家，医疗废物集中处理厂 302 家。调查对象数量排名前 3 位的地区依次为广东、浙江和江苏，分别为 17 688 家、12 065 家和 12 021 家。2017 年各地区调查对象数量分布情况见图 1-1。

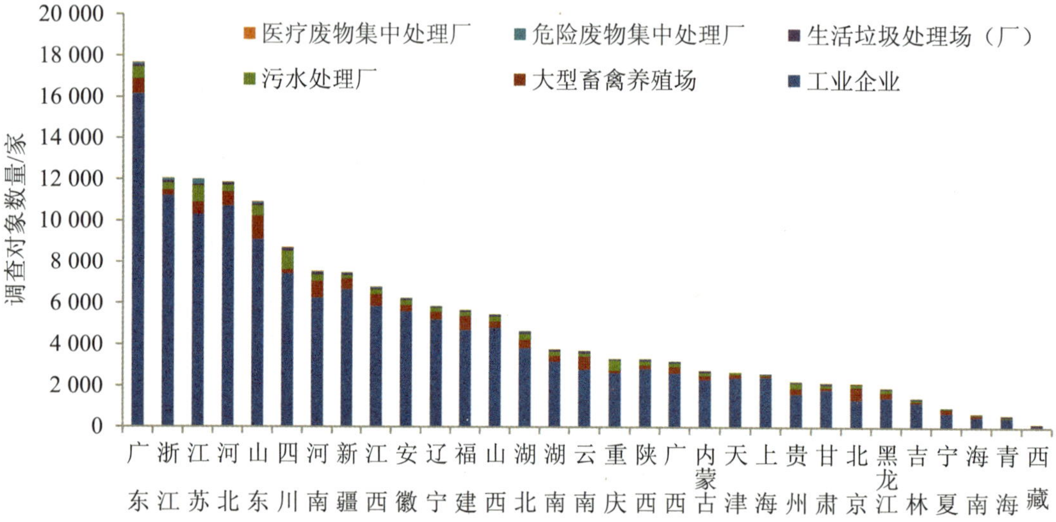

图 1-1 2017 年各地区调查对象数量分布情况

1.2 工业源调查基本情况

2017 年，全国共调查了 138 481 家工业企业，其中，有废水及废水污染物排放的企业 73 376 家，有废气及废气污染物排放的企业 113 442 家，有一般工业固体废物产生的企业 84 527 家，有工业危险废物产生的企业 48 126 家。调查工业企业数量排名前 3 位的依次为广东、浙江和河北，分别为 16 159 家、11 224 家和 10 724 家。2017 年各地区调查工业企业数量分布情况见图 1-2。

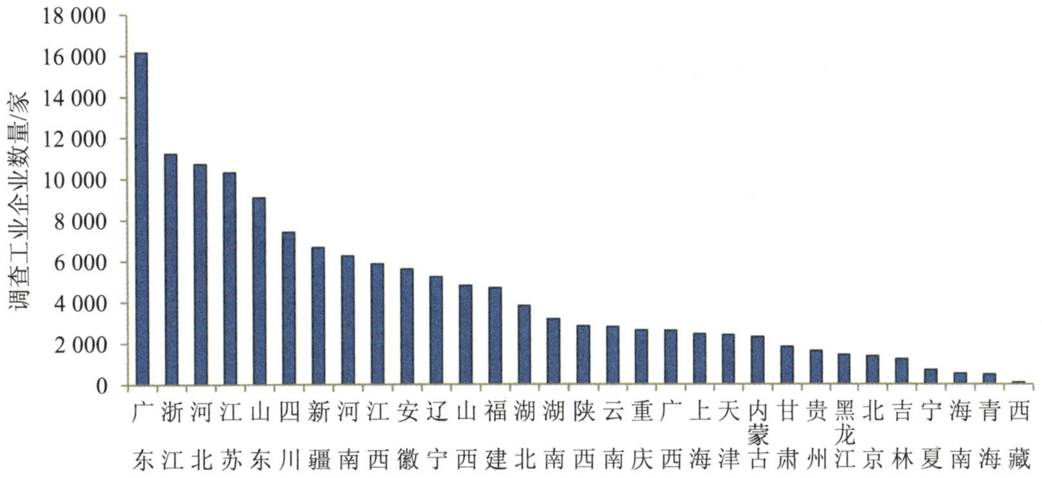

图 1-2　2017 年各地区调查工业企业数量分布情况

1.3　农业源调查基本情况

2017 年，全国共调查了 11 143 家大型畜禽养殖场，其中生猪养殖场 6 573 家，奶牛养殖场 1 781 家，肉牛养殖场 502 家，蛋鸡养殖场 767 家，肉鸡养殖场 1 520 家。调查大型畜禽养殖场数量排名前 3 位的地区依次为山东、河南和广东，分别为 1 133 家、812 家和 722 家。2017 年各地区调查大型畜禽养殖场数量分布情况见图 1-3。

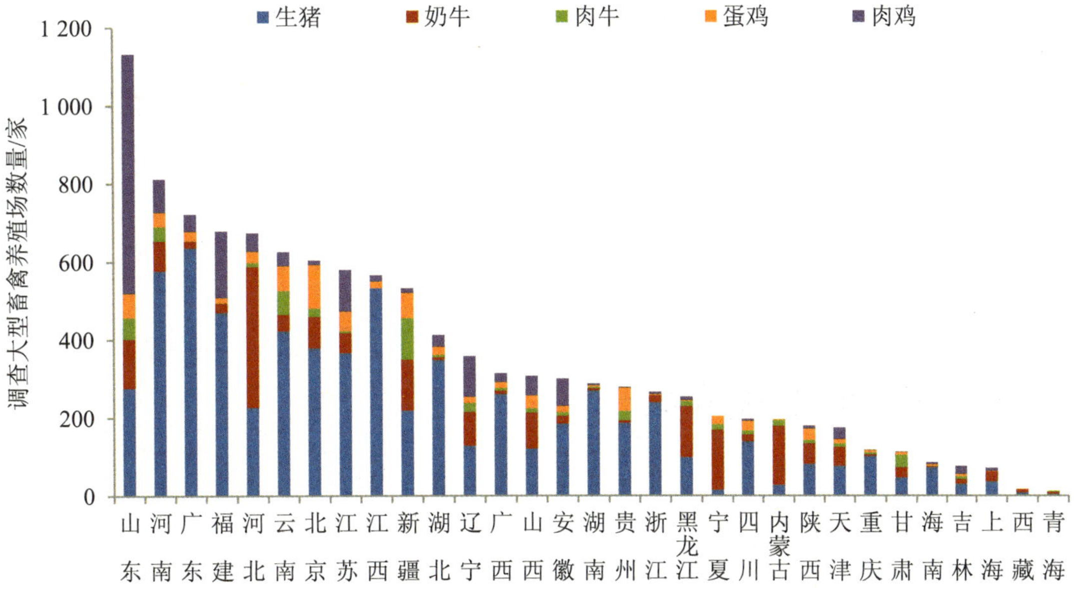

图 1-3　2017 年各地区调查大型畜禽养殖场数量分布情况

1.4 生活源调查基本情况

2017 年，对全国 31 个省（自治区、直辖市）和新疆生产建设兵团的 401 个地市级行政单位开展了生活源统计调查。

1.5 集中式污染治理设施调查基本情况

2017 年，全国共调查了 7 536 家污水处理厂、2 323 家生活垃圾处理场（厂）、1 203 家危险废物集中处理厂、302 家医疗废物集中处理厂。调查集中式污染治理设施数量排名前 3 位的地区依次为江苏、四川和广东，分别为 1 123 家、1 094 家和 807 家。2017 年各地区调查集中式污染治理设施数量分布情况见图 1-4。

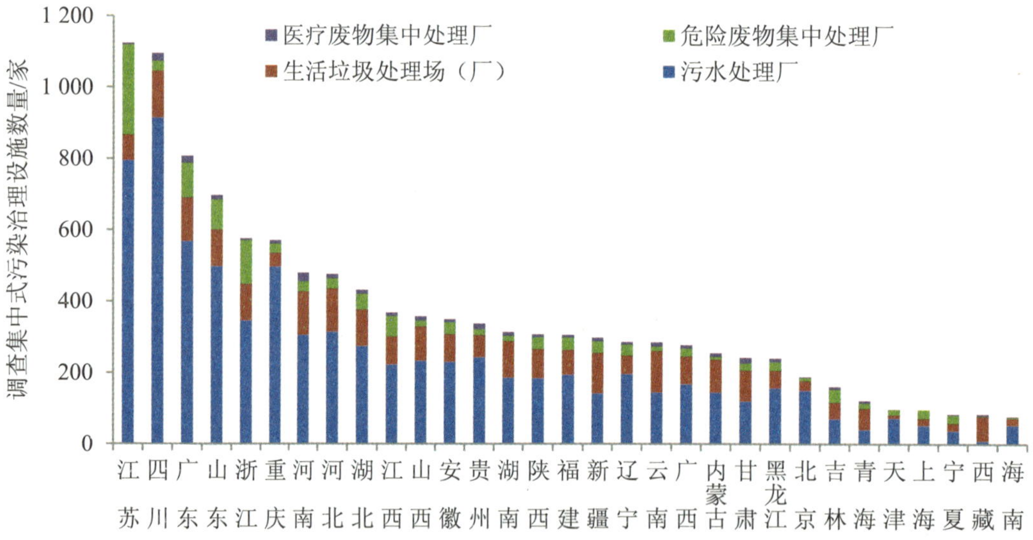

图 1-4　2017 年各地区调查集中式污染治理设施数量分布情况

1.6 移动源调查基本情况

2017 年，对全国 31 个省（自治区、直辖市）开展了移动源统计调查。

2

废水污染物

2.1 化学需氧量排放情况

2.1.1 全国及分源排放情况

2017 年，全国废水中化学需氧量排放量为 608.9 万吨。其中，工业源化学需氧量排放量为 91.0 万吨，占全国化学需氧量排放量的 14.9%；农业源化学需氧量排放量为 31.8 万吨，占全国化学需氧量排放量的 5.2%；生活源化学需氧量排放量为 483.8 万吨，占全国化学需氧量排放量的 79.5%；集中式污染治理设施废水（含渗滤液）中化学需氧量排放量为 2.3 万吨，占全国化学需氧量排放量的 0.4%。2017 年全国及分源化学需氧量排放情况见表 2-1。

表 2-1 2017 年全国及分源化学需氧量排放情况

排放源	合计	工业源	农业源	生活源	集中式污染治理设施
排放量/万吨	608.9	91.0	31.8	483.8	2.3
占比/%	—	14.9	5.2	79.5	0.4

注：①农业源数据为大型畜禽养殖场统计调查数据。

②集中式污染治理设施废水中污染物排放量指生活垃圾处理场（厂）和危险废物（医疗废物）集中处理厂垃圾废水（渗滤液）中污染物的排放量。

③本年报表中“—”表示无此项指标或不宜计算。

2.1.2 各地区及分源排放情况

2017 年，化学需氧量排放量大于 30 万吨的地区有 9 个，依次为广东、江苏、广西、四川、安徽、江西、山东、湖北和湖南。9 个地区的化学需氧量排放量合计为 343.8 万吨，占全国化学需氧量排放量的 56.5%。生活源化学需氧量排放量排名前 3 位的地区依次为广东、江苏和广西。工业源化学需氧量排放量排名前 3 位的地区依次为江苏、广东和江西。2017 年各地区化学需氧量排放情况见图 2-1。

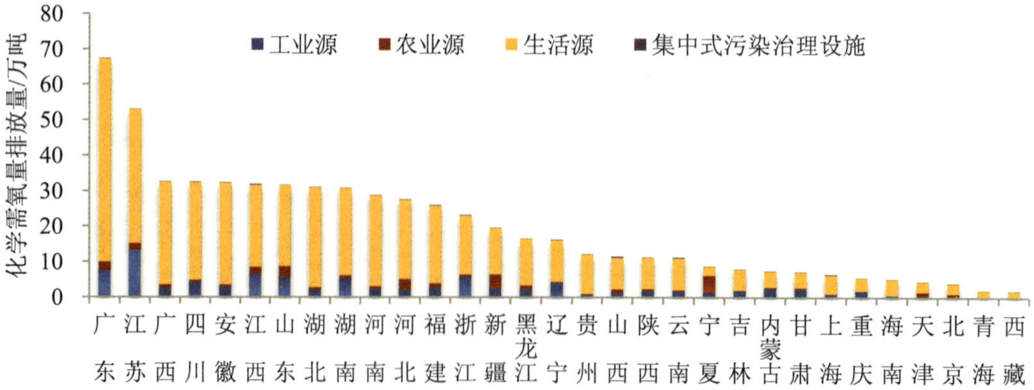

图 2-1 2017 年各地区化学需氧量排放情况

2.1.3 各工业行业排放情况

2017 年，工业行业中化学需氧量排放量排名前 4 位的行业依次为农副食品加工业、化学原料和化学制品制造业、纺织业、造纸和纸制品业。4 个行业排放量合计为 51.6 万吨，占工业源化学需氧量排放量的 56.8%。2017 年工业行业化学需氧量排放情况见图 2-2。

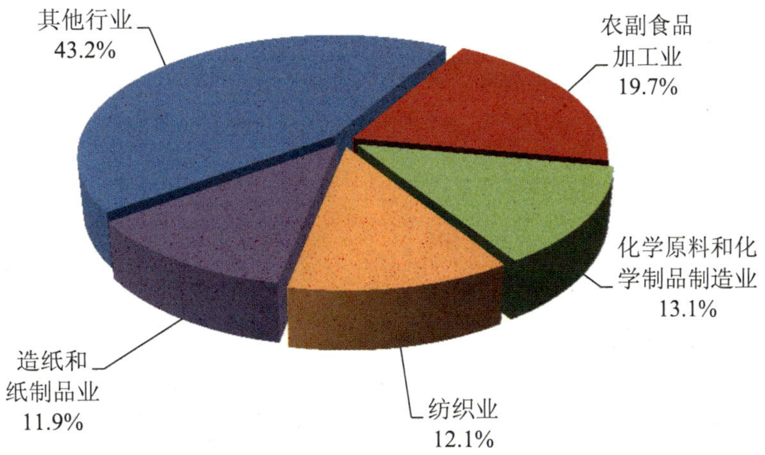

图 2-2 2017 年工业行业化学需氧量排放情况

2.2 氨氮排放情况

2.2.1 全国及分源排放情况

2017 年，全国废水中氨氮排放量为 50.9 万吨。其中，工业源氨氮排放量为 4.4 万吨，占全国氨氮排放量的 8.7%；农业源氨氮排放量为 0.7 万吨，占全国氨氮排放量的 1.3%；生活源氨氮排放量为 45.4 万吨，占全国氨氮排放量的 89.3%；集中式污染治理设施废水（含渗滤液）中氨氮排放量为 0.3 万吨，占全国氨氮排放量的 0.7%。2017 年全国及分源氨氮排放情况见表 2-2。

表 2-2 2017 年全国及分源氨氮排放情况

排放源	合计	工业源	农业源	生活源	集中式污染治理设施
排放量/万吨	50.9	4.4	0.7	45.4	0.3
占比/%	—	8.7	1.3	89.3	0.7

2.2.2　各地区及分源排放情况

氨氮排放量大于 2 万吨的地区有 11 个，依次为广东、江苏、四川、湖南、湖北、江西、山东、河南、河北、广西和新疆。11 个地区的氨氮排放量合计为 32.6 万吨，占全国氨氮排放量的 64.0%。生活源氨氮排放量排名前 3 位的地区依次为广东、四川和江苏。工业源氨氮排放量排名前 3 位的地区依次为江苏、江西和湖南。2017 年各地区氨氮排放情况见图 2-3。

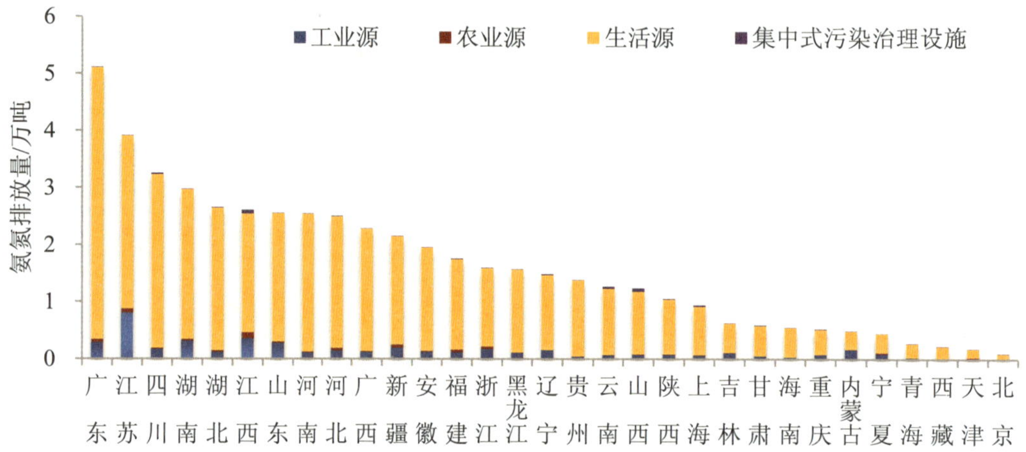

图 2-3　2017 年各地区氨氮排放情况

2.2.3　各工业行业排放情况

2017 年，工业行业中氨氮排放量排名前 4 位的行业依次为化学原料和化学制品制造业、农副食品加工业、纺织业、食品制造业。4 个行业排放量合计为 2.4 万吨，占全国工业源排放量的 53.5%。2017 年工业行业氨氮排放情况见图 2-4。

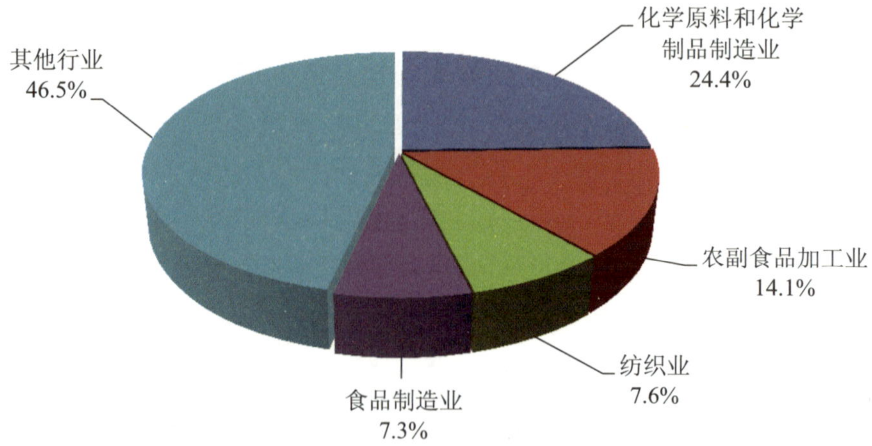

图 2-4　2017 年工业行业氨氮排放情况

2.3 总氮排放情况

2.3.1 全国及分源排放情况

2017 年，全国废水中总氮排放量为 120.3 万吨。其中，工业源总氮排放量为 15.6 万吨，占全国总氮排放量的 13.0%；农业源总氮排放量为 2.3 万吨，占全国总氮排放量的 1.9%；生活源总氮排放量为 101.9 万吨，占全国总氮排放量的 84.7%；集中式污染治理设施废水（含渗滤液）中总氮排放量为 0.5 万吨，占全国总氮排放量的 0.4%。2017 年全国及分源总氮排放情况见表 2-3。

表 2-3 2017 年全国及分源总氮排放情况

排放源	合计	工业源	农业源	生活源	集中式污染治理设施
排放量/万吨	120.3	15.6	2.3	101.9	0.5
占比/%	—	13.0	1.9	84.7	0.4

2.3.2 各地区及分源排放情况

总氮排放量大于 5 万吨的地区有 9 个，依次为广东、江苏、山东、河南、四川、浙江、河北、湖北和湖南。9 个地区的总氮排放量合计为 65.7 万吨，占全国总氮排放量的 54.6%。生活源总氮排放量排名前 3 位的地区依次为广东、江苏和山东。工业源总氮排放量排名前 3 位的地区依次为江苏、山东和浙江。2017 年各地区总氮排放情况见图 2-5。

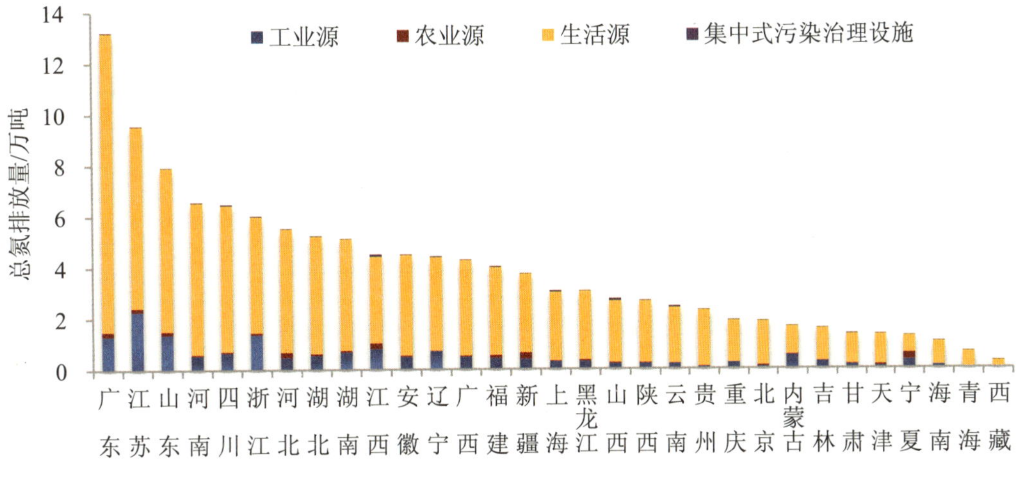

图 2-5 2017 年各地区总氮排放情况

2.3.3 各工业行业排放情况

2017 年，工业行业中总氮排放量排名前 4 位的行业依次为化学原料和化学制品制造业、农副食品加工业、纺织业、食品制造业。4 个行业排放量合计为 8.8 万吨，占全国工业源总氮排放量的 56.2%。2017 年工业行业总氮排放情况见图 2-6。

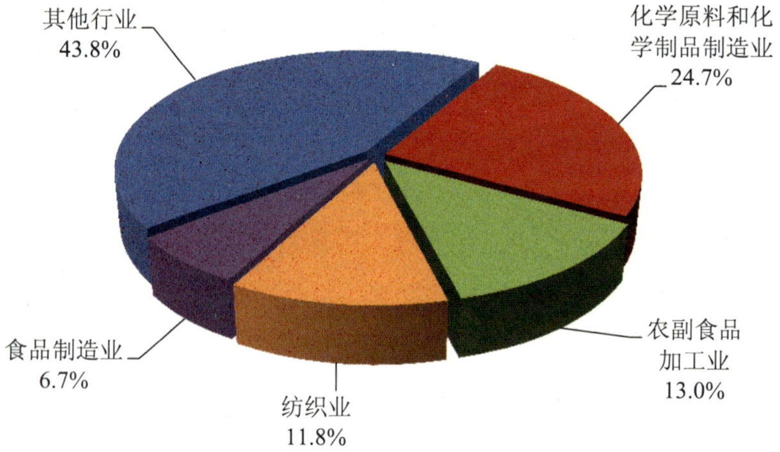

图 2-6　2017 年工业行业总氮排放情况

2.4 总磷排放情况

2.4.1 全国及分源排放情况

2017 年，全国废水中总磷排放量为 7.0 万吨。其中，工业源总磷排放量为 0.8 万吨，占全国总磷排放量的 11.3%；农业源总磷排放量为 0.3 万吨，占全国总磷排放量的 4.4%；生活源总磷排放量为 5.8 万吨，占全国总磷排放量的 84.1%；集中式污染治理设施废水（含渗滤液）中总磷排放量为 108.0 吨，占全国总磷排放量的 0.2%。2017 年全国及分源总磷排放情况见表 2-4。

表 2-4　2017 年全国及分源总磷排放情况

排放源	合计	工业源	农业源	生活源	集中式污染治理设施
排放量	7.0 万吨	0.8 万吨	0.3 万吨	5.8 万吨	108.0 吨
占比/%	—	11.3	4.4	84.1	0.2

2.4.2　各地区及分源排放情况

总磷排放量大于 0.3 万吨的地区有 11 个，依次为广东、江苏、湖南、四川、广西、湖北、江西、山东、安徽、河南和河北。11 个地区的总磷排放量合计为 4.5 万吨，占全国总磷排放量的 64.5%。生活源总磷排放量排名前 3 位的地区依次为广东、江苏和湖南。工业源总磷排放量排名前 3 位的地区依次为江苏、山东和广东。2017 年各地区总磷排放情况见图 2-7。

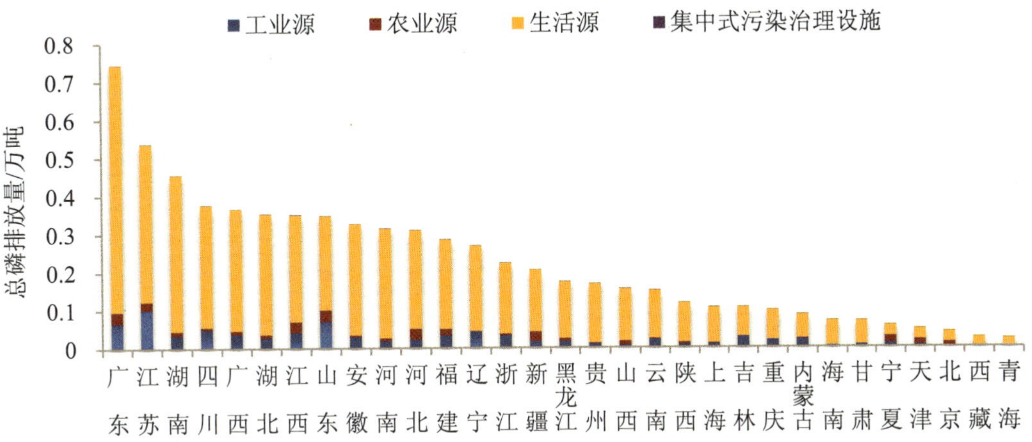

图 2-7　2017 年各地区总磷排放情况

2.4.3　各工业行业排放情况

2017 年，工业行业中总磷排放量排名前 4 位的行业依次为农副食品加工业、化学原料和化学制品制造业、食品制造业、酒饮料和精制茶制造业。4 个行业排放量合计为 0.5 万吨，占全国工业源总磷排放量的 64.6%。2017 年工业行业总磷排放情况见图 2-8。

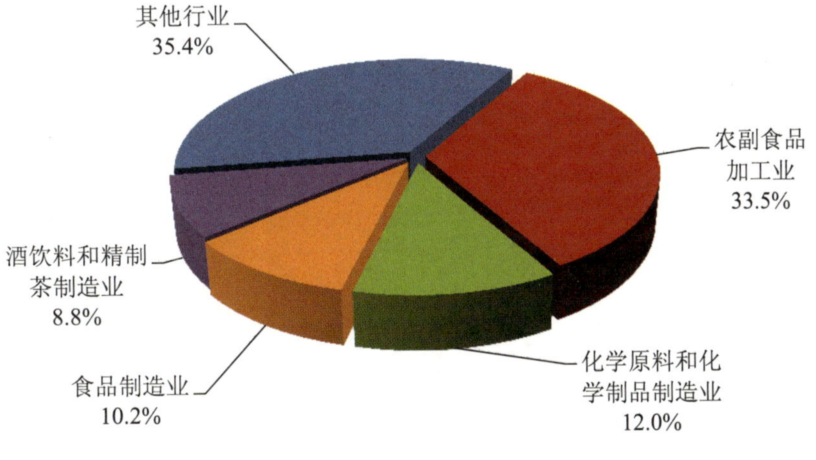

图 2-8　2017 年工业行业总磷排放情况

2.5 其他污染物排放情况

2017 年，全国废水中石油类排放量为 0.8 万吨，挥发酚排放量为 244.1 吨，氰化物排放量为 54.0 吨，重金属排放量为 182.6 吨。2017 年全国废水中其他污染物排放情况见表 2-5。

表 2-5　2017 年全国废水中其他污染物排放情况　　单位：吨

排放源＼污染物	石油类	挥发酚	氰化物	重金属
工业源	7 639.3	244.1	54.0	176.4
集中式污染治理设施	—	0.03	0.01	6.2
合计	7 639.3	244.1	54.0	182.6

3

废气污染物

3.1 二氧化硫排放情况

3.1.1 全国及分源排放情况

2017 年，全国二氧化硫排放量为 610.8 万吨。其中，工业源二氧化硫排放量为 529.9 万吨，占全国二氧化硫排放量的 86.8%；生活源二氧化硫排放量为 80.5 万吨，占全国二氧化硫排放量的 13.2%；集中式污染治理设施二氧化硫排放量为 0.4 万吨。2017 年全国二氧化硫排放情况见表 3-1。

表 3-1 2017 年全国二氧化硫排放情况

排放源	合计	工业源	生活源	集中式污染治理设施
排放量/万吨	610.8	529.9	80.5	0.4
占比/%	—	86.8	13.2	…

注：集中式污染治理设施包括生活垃圾处理场（厂）和危险废物（医疗废物）集中处理厂焚烧废气中排放的污染物；“…”表示由于数字太小，修约后小于保留的最小位数无法显示；下同。

3.1.2 各地区及分源排放情况

2017 年，二氧化硫排放量超过 35 万吨的地区依次为河北、山东、江苏、内蒙古和贵州。5 个地区的二氧化硫排放量占全国二氧化硫排放量的 32.2%。工业源二氧化硫排放量最大的地区是江苏，生活源二氧化硫排放量最大的地区是湖南。2017 年各地区二氧化硫排放情况见图 3-1。

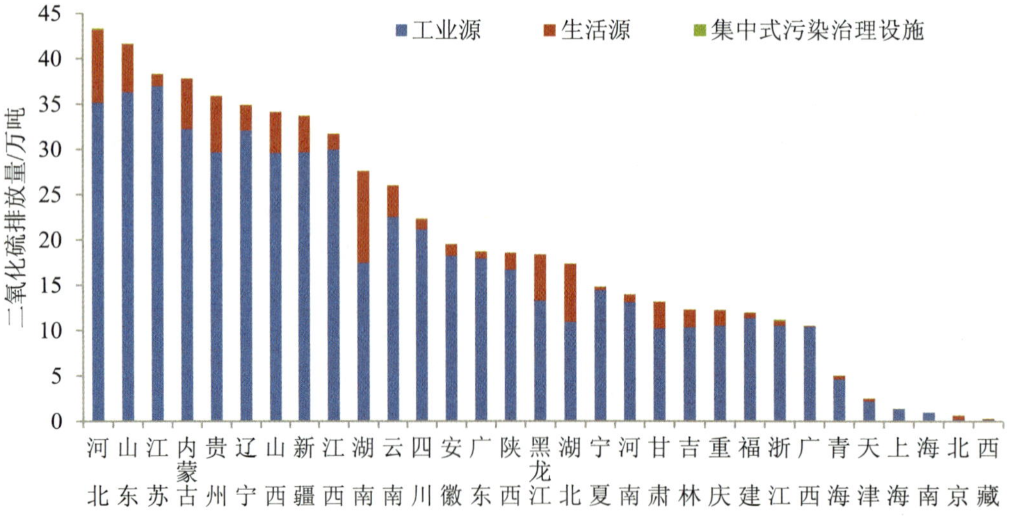

图 3-1 2017 年各地区二氧化硫排放情况

3.1.3 各工业行业排放情况

3.1.3.1 行业总体情况

2017 年，在调查统计的 42 个行业中，二氧化硫排放量排名前 3 位的行业依次为电力、热力生产和供应业，非金属矿物制品业，黑色金属冶炼和压延加工业。3 个行业二氧化硫排放量合计为 353.2 万吨，占全国工业源二氧化硫排放量的 66.7%。2017 年工业行业二氧化硫排放情况见图 3-2。

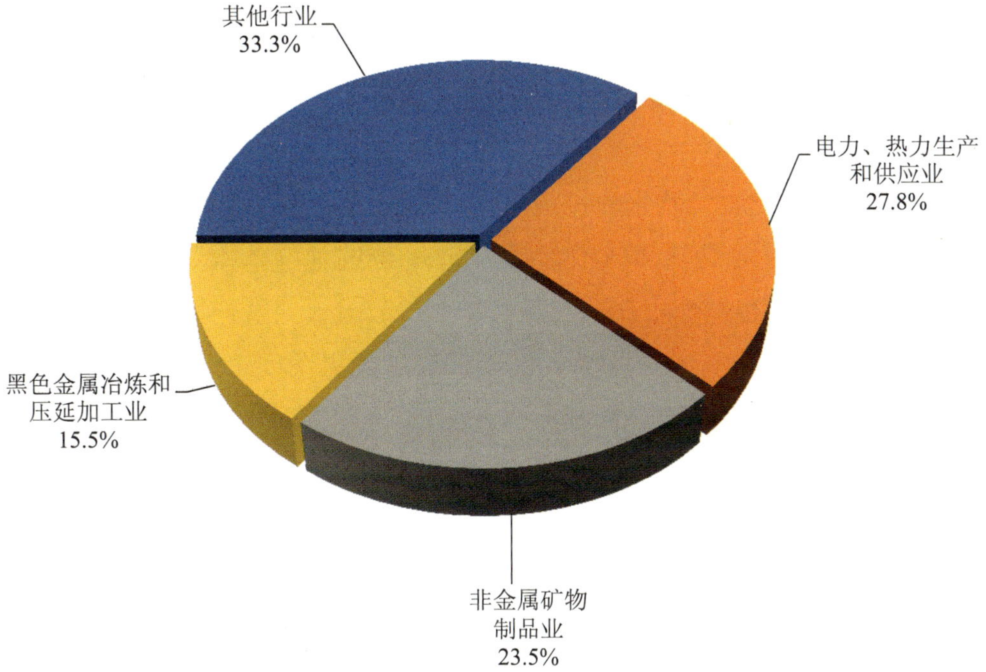

图 3-2　2017 年工业行业二氧化硫排放情况

3.1.3.2 电力、热力生产和供应业

2017 年，电力、热力生产和供应业二氧化硫排放量为 147.1 万吨，占全国工业源二氧化硫排放量的 27.8%。电力、热力生产和供应业二氧化硫排放量排名前 4 位的地区依次为贵州、江苏、内蒙古和辽宁。4 个地区的电力、热力生产和供应业二氧化硫排放量占全国电力、热力生产和供应业二氧化硫排放量的 38.0%。2017 年各地区电力、热力生产和供应业二氧化硫排放情况见图 3-3。

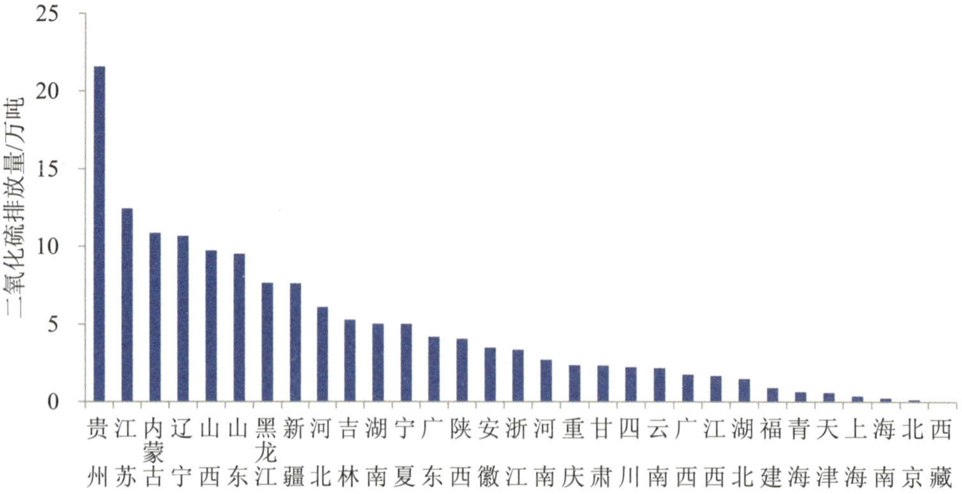

图 3-3　2017 年各地区电力、热力生产和供应业二氧化硫排放情况

2017 年，火力发电企业二氧化硫排放量为 64.4 万吨，占全国工业源二氧化硫排放量的 12.2%。火力发电企业二氧化硫排放量排名前 4 位的地区依次为贵州、湖南、江苏和内蒙古。4 个地区的火力发电企业二氧化硫排放量占全国火力发电企业二氧化硫排放量的 51.8%。2017 年各地区火力发电企业二氧化硫排放情况见图 3-4。

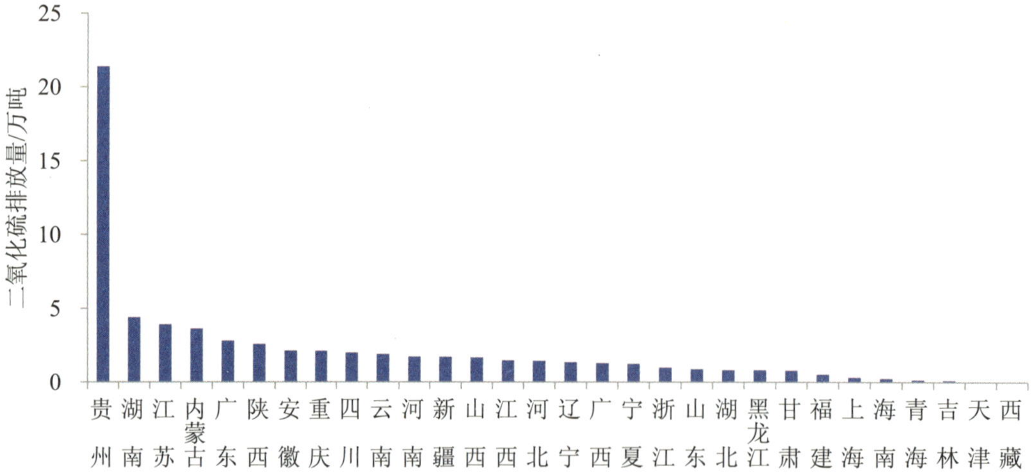

图 3-4　2017 年各地区火力发电企业二氧化硫排放情况

3.1.3.3　非金属矿物制品业

2017 年，非金属矿物制品业二氧化硫排放量为 124.6 万吨，占全国工业源二氧化硫排放量的 23.5%。非金属矿物制品业二氧化硫排放量排名前 4 位的地区依次为江西、辽宁、安徽和广东。4 个地区的非金属矿物制品业二氧化硫排放量占全国非金属矿物制品业二氧化硫排放量的 36.3%。2017 年各地区非金属矿物制品业二氧化硫排放情况见图 3-5。

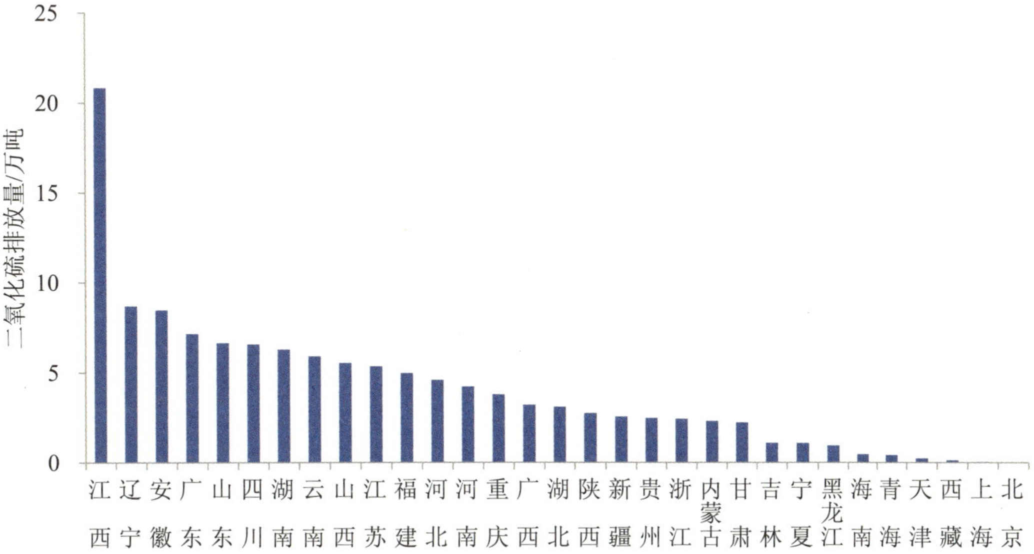

图 3-5　2017 年各地区非金属矿物制品业二氧化硫排放情况

3.1.3.4　黑色金属冶炼和压延加工业

2017 年，黑色金属冶炼和压延加工业二氧化硫排放量为 82.3 万吨，占全国工业源二氧化硫排放量的 15.5%。黑色金属冶炼和压延加工业二氧化硫排放量排名前 4 位的地区依次为河北、江苏、辽宁和山西。4 个地区的黑色金属冶炼和压延加工业二氧化硫排放量占全国黑色金属冶炼和压延加工业二氧化硫排放量的 46.3%。2017 年各地区黑色金属冶炼和压延加工业二氧化硫排放情况图 3-6。

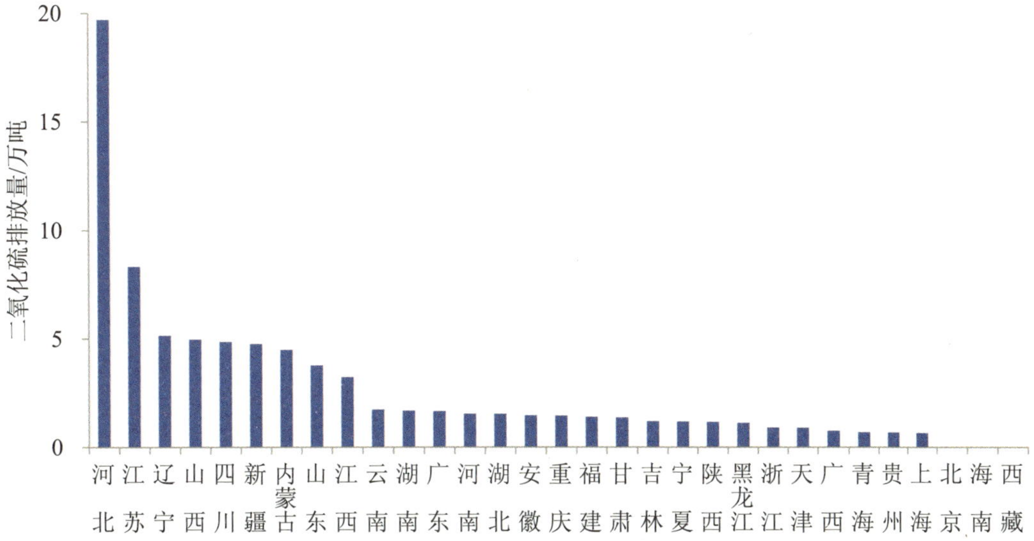

图 3-6　2017 年各地区黑色金属冶炼和压延加工业二氧化硫排放情况

3.2 氮氧化物排放情况

3.2.1 全国及分源排放情况

2017 年，全国氮氧化物排放量为 1 348.4 万吨。其中，工业源氮氧化物排放量为 646.5 万吨，占全国氮氧化物排放量的 47.9%；生活源氮氧化物排放量为 59.2 万吨，占全国氮氧化物排放量的 4.4%；机动车氮氧化物排放量为 641.2 万吨，占全国氮氧化物排放量的 47.6%；集中式污染治理设施氮氧化物排放量为 1.5 万吨，占全国氮氧化物排放量的 0.1%。2017 年全国氮氧化物排放情况见表 3-2。

表 3-2 2017 年全国氮氧化物排放情况

排放源	合计	工业源	生活源	机动车	集中式污染治理设施
排放量/万吨	1 348.4	646.5	59.2	641.2	1.5
占比/%	—	47.9	4.4	47.6	0.1

3.2.2 各地区及分源排放情况

2017 年，氮氧化物排放量超过 100 万吨的地区依次为河北和山东。2 个地区的氮氧化物排放量占全国氮氧化物排放量的 18.0%。工业源氮氧化物排放量最大的地区是河北，生活源氮氧化物排放量最大的地区是黑龙江，机动车氮氧化物排放量最大的地区是山东。2017 年各地区氮氧化物排放量情况见图 3-7。

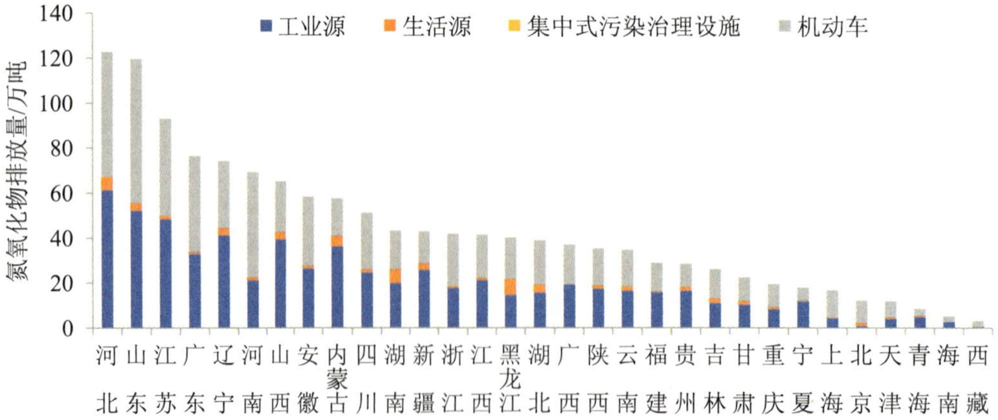

图 3-7 2017 年各地区氮氧化物排放情况

3.2.3 各工业行业排放情况

3.2.3.1 行业总体情况

2017 年，氮氧化物排放量排名前 3 位的工业行业依次为非金属矿物制品业，电力、热力生产和供应业，黑色金属冶炼和压延加工业。3 个行业氮氧化物排放量合计为 487.2 万吨，占全国工业源氮氧化物排放量的 75.4%。2017 年工业行业氮氧化物排放情况见图 3-8。

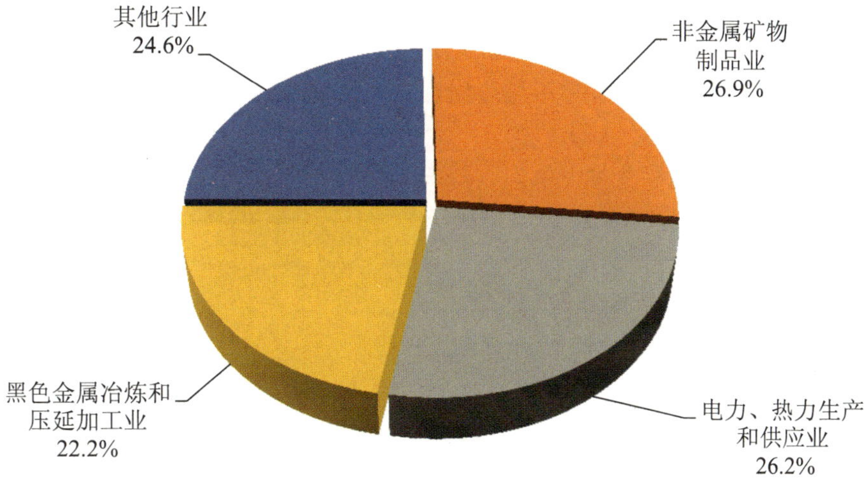

图 3-8　2017 年工业行业氮氧化物排放情况

3.2.3.2　电力、热力生产和供应业

2017 年，电力、热力生产和供应业氮氧化物排放量为 169.8 万吨，占全国工业源氮氧化物排放量的 26.2%。电力、热力生产和供应业氮氧化物排放量排名前 4 位的地区依次为江苏、山东、内蒙古和辽宁。4 个地区的电力、热力生产和供应业氮氧化物排放量占全国电力、热力生产和供应业氮氧化物排放量的 36.1%。2017 年各地区电力、热力生产和供应业氮氧化物排放情况见图 3-9。

火力发电企业氮氧化物排放量为 72.2 万吨，占全国工业源氮氧化物排放量的 11.2%。火力发电企业氮氧化物排放量排名前 4 位的地区依次为江苏、内蒙古、贵州和广东。4 个地区的火力发电企业氮氧化物排放量占全国火力发电企业氮氧化物排放量的 33.3%。2017 年各地区火力发电企业氮氧化物排放情况见图 3-10。

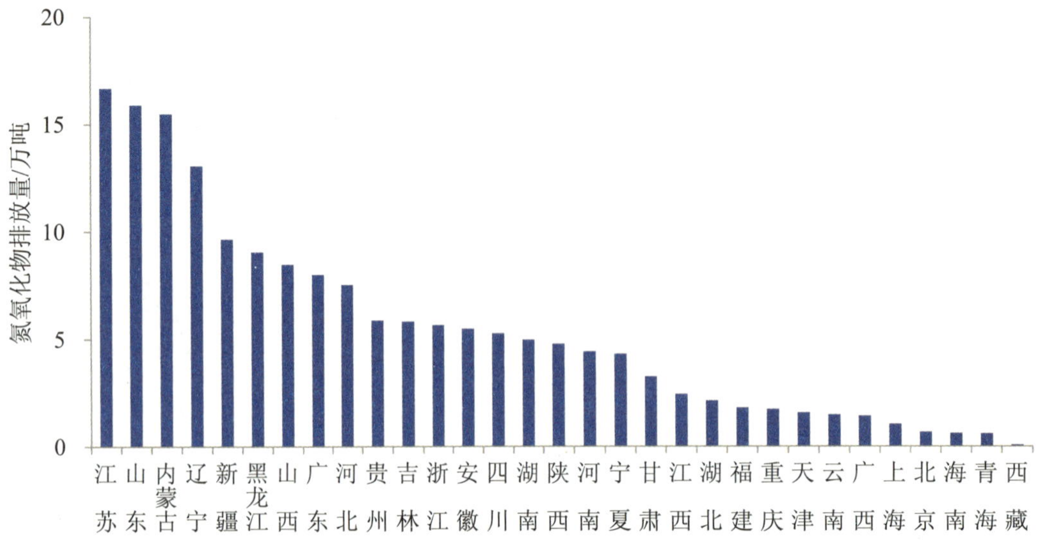

图 3-9　2017 年各地区电力、热力生产和供应业氮氧化物排放情况

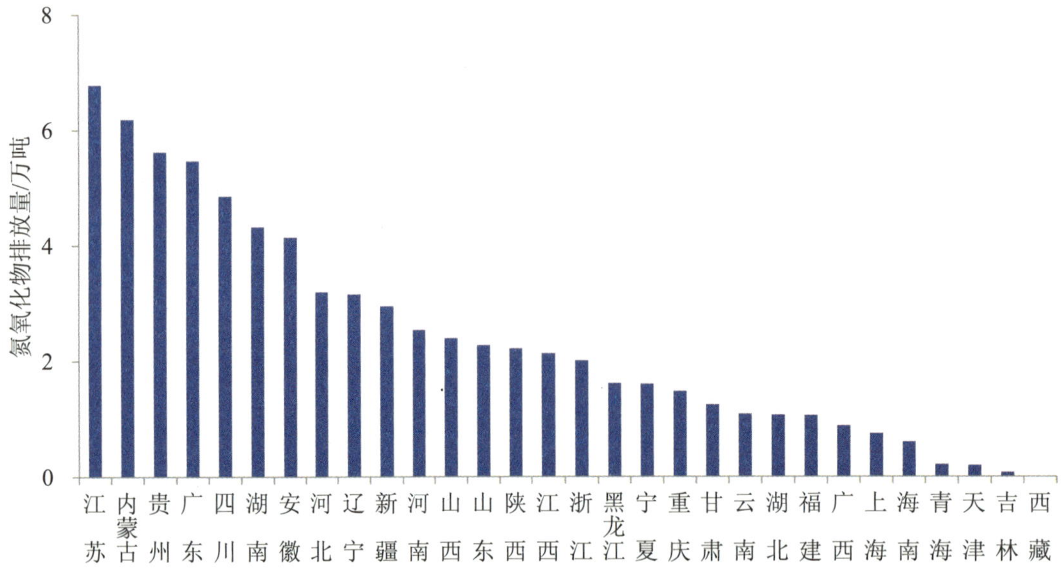

图 3-10　2017 年各地区火力发电企业氮氧化物排放情况

3.2.3.3　非金属矿物制品业

2017 年，非金属矿物制品业氮氧化物排放量为 174.0 万吨，占全国工业源氮氧化物排放量的 26.9%。非金属矿物制品业氮氧化物排放量排名前 4 位的地区依次为广东、安徽、江西和山东。4 个地区的非金属矿物制品业氮氧化物排放量占全国非金属矿物制品业氮氧化物排放量的 29.4%。2017 年各地区非金属矿物制品业氮氧化物排放情况见图 3-11。

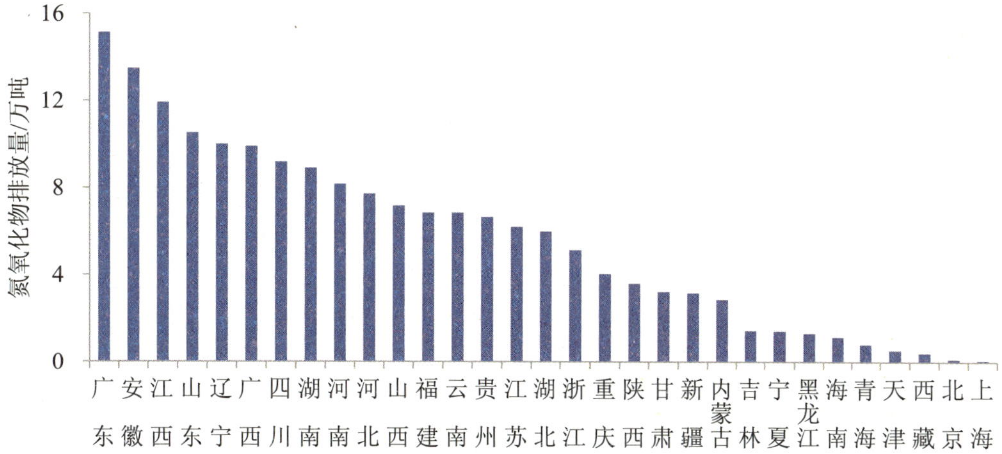

图 3-11　2017 年各地区非金属矿物制品业氮氧化物排放情况

2017 年，水泥制造企业（以下简称水泥企业）氮氧化物排放量为 83.4 万吨，占全国非金属矿物制品业排放量的 48.0%。水泥企业氮氧化物排放量排名前 4 位的地区依次为安徽、广东、云南和湖南。4 个地区的水泥企业氮氧化物排放量占全国水泥企业氮氧化物排放量的 29.4%。2017 年各地区水泥企业氮氧化物排放情况见图 3-12。

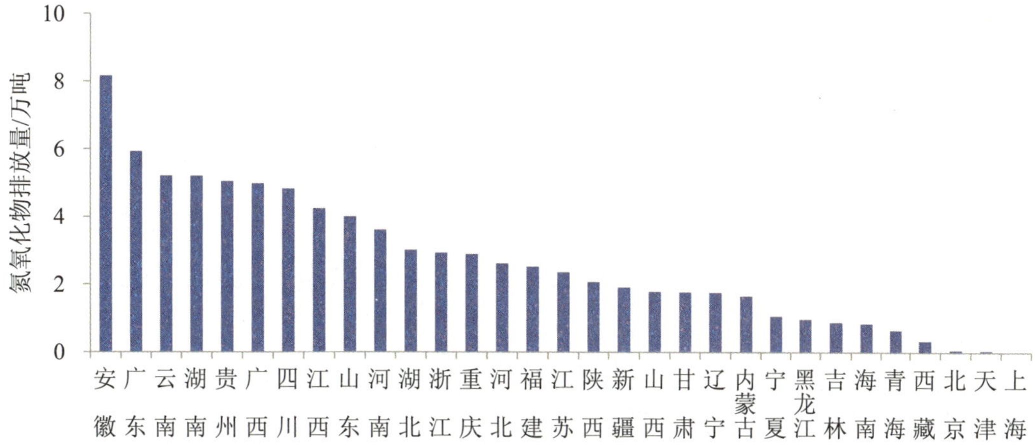

图 3-12　2017 年各地区水泥企业氮氧化物排放情况

3.2.3.4　黑色金属冶炼和压延加工业

2017 年，黑色金属冶炼和压延加工业氮氧化物排放量为 143.4 万吨，占全国工业源氮氧化物排放量的 22.2%。黑色金属冶炼和压延加工业氮氧化物排放量排名前 4 位的地区依次为河北、江苏、山东和辽宁。4 个地区的黑色金属冶炼和压延加工业氮氧化物排放量占全国黑色金属冶炼和压延加工业氮氧化物排放量的 52.7%。2017 年各地区黑色金属冶炼和压延加工业氮氧化物排放情况见图 3-13。

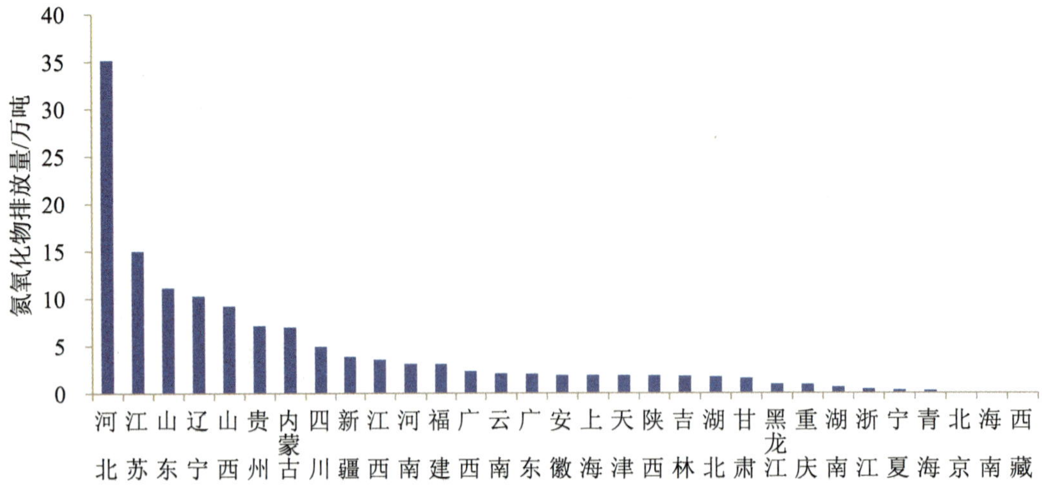

图 3-13　2017 年各地区黑色金属冶炼和压延加工业氮氧化物排放情况

3.3　颗粒物排放情况

3.3.1　全国及分源排放情况

2017 年，全国颗粒物排放量为 1 284.9 万吨。其中，工业源颗粒物排放量为 1 067.0 万吨，占全国颗粒物排放量的 83.0%；生活源颗粒物排放量为 206.1 万吨，占全国颗粒物排放量的 16.0%；机动车颗粒物排放量为 11.4 万吨，占全国颗粒物排放量的 0.9%；集中式污染治理设施颗粒物排放量为 0.4 万吨。2017 年全国颗粒物排放情况见表 3-3。

表 3-3　2017 年全国颗粒物排放情况

排放源	合计	工业源	生活源	机动车	集中式污染治理设施
排放量/万吨	1 284.9	1 067.0	206.1	11.4	0.4
占比/%	—	83.0	16.0	0.9	…

3.3.2　各地区及分源排放情况

2017 年，颗粒物排放量超过 100 万吨的地区为内蒙古，颗粒物排放量占全国颗粒物排放量的 8.3%。工业源颗粒物排放量最大的地区是内蒙古，生活源颗粒物排放量最大的地区是黑龙江，机动车颗粒物排放量最大的地区是河北。2017 年各地区颗粒物排放情况见图 3-14。

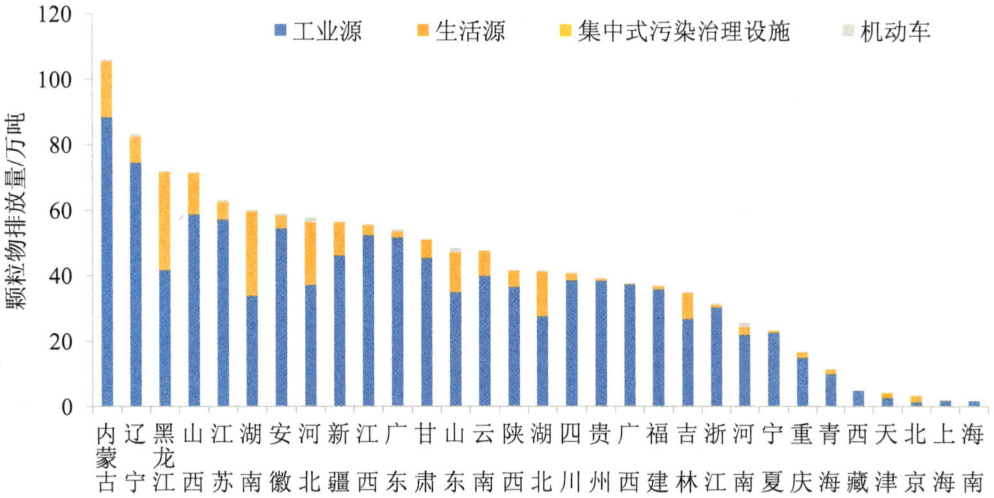

图 3-14　2017 年各地区颗粒物排放情况

3.3.3　各工业行业排放情况

3.3.3.1　行业总体情况

2017 年，颗粒物排放量排名前 3 位的工业行业依次为非金属矿物制品业、煤炭开采和洗选业，黑色金属冶炼和压延加工业。3 个行业共排放颗粒物 617.1 万吨，占全国工业源颗粒物排放量的 57.8%。2017 年工业行业颗粒物排放情况见图 3-15。

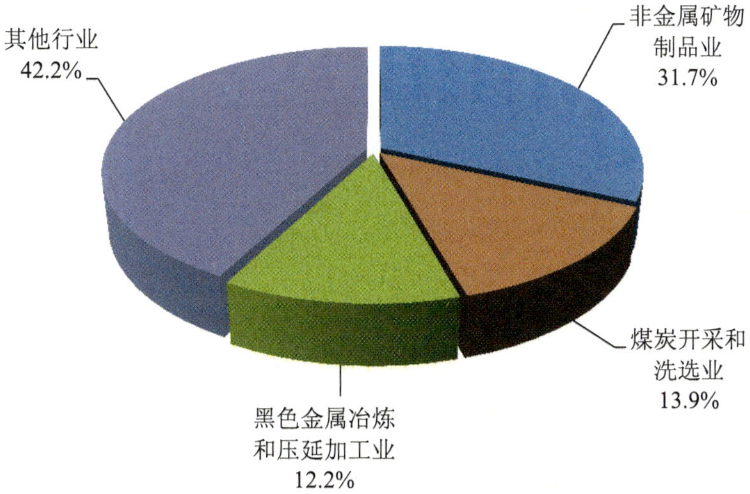

图 3-15　2017 年工业行业颗粒物排放情况

3.3.3.2　电力、热力生产和供应业

2017 年，电力、热力生产和供应业颗粒物排放量为 90.4 万吨，占全国工业源颗粒物排放量的 8.5%。电力、热力生产和供应业颗粒物排放量排名前 4 位的地区依次为黑龙江、

辽宁、内蒙古和新疆。4 个地区的电力、热力生产和供应业颗粒物排放量占全国电力、热力生产和供应业颗粒物排放量的 45.3%。2017 年各地区电力、热力生产和供应业颗粒物排放情况见图 3-16。

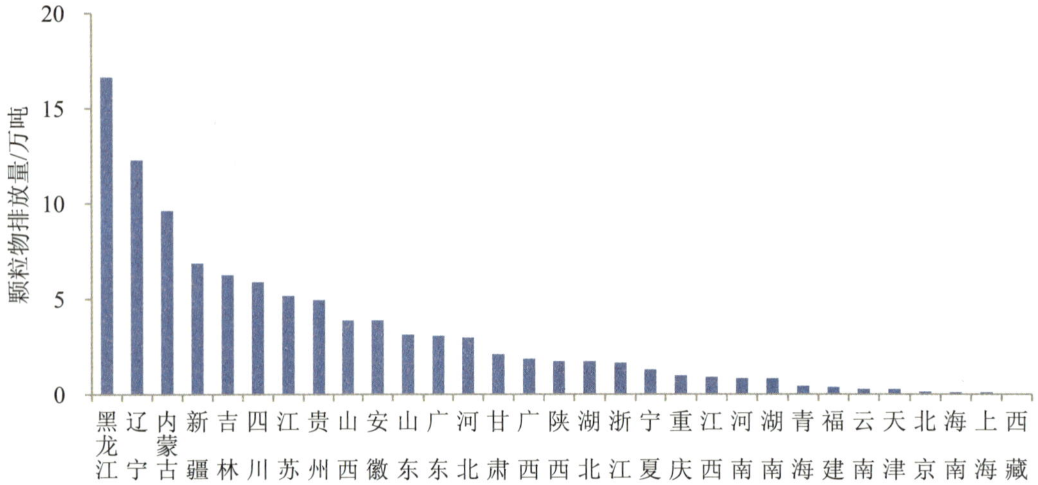

图 3-16　2017 年各地区电力、热力生产和供应业颗粒物排放情况

2017 年，火力发电企业颗粒物排放量为 37.1 万吨，占全国工业源颗粒物排放量的 3.5%。火力发电企业颗粒物排放量排名前 4 位的地区依次为四川、贵州、黑龙江和内蒙古。4 个地区的火力发电企业颗粒物排放量占全国火力发电企业颗粒物排放量的 51.1%。2017 年各地区火力发电企业颗粒物排放情况见图 3-17。

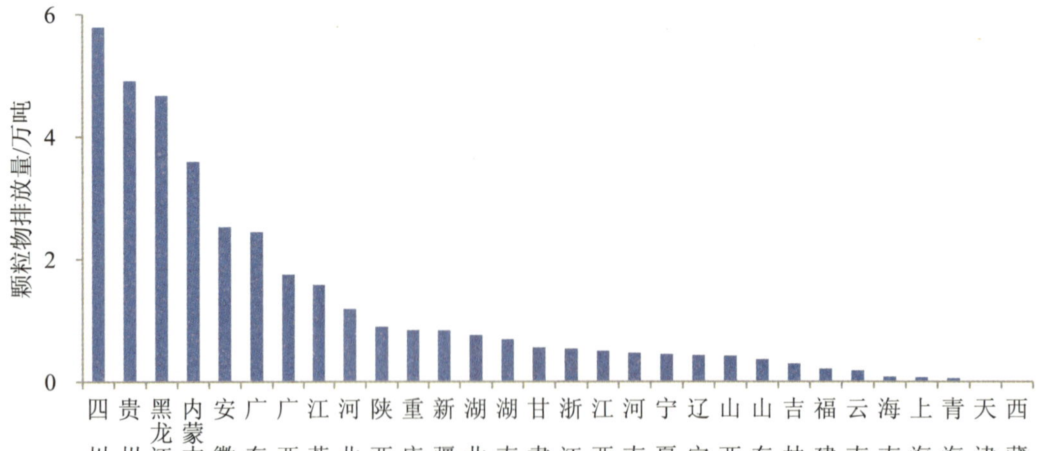

图 3-17　2017 年各地区火力发电企业颗粒物排放情况

3.3.3.3　非金属矿物制品业

2017 年，非金属矿物制品业颗粒物排放量为 338.7 万吨，占全国工业源颗粒物排放量的 31.7%。非金属矿物制品业颗粒物排放量排名前 4 位的地区依次为安徽、广东、江西和辽宁。4 个地区的非金属矿物制品业颗粒物排放量占全国非金属矿物制品业颗粒物排放量的 28.6%。2017 年各地区非金属矿物制品业颗粒物排放情况见图 3-18。

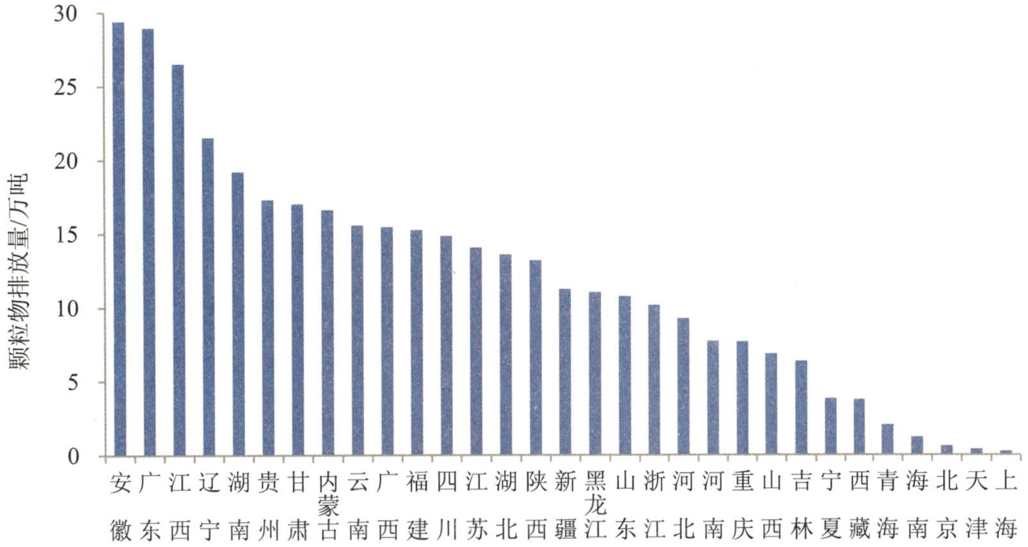

图 3-18　2017 年各地区非金属矿物制品业颗粒物排放情况

2017 年，水泥企业颗粒物排放量为 196.1 万吨，占全国非金属矿物制品业颗粒物排放量的 57.9%。水泥企业颗粒物排放量排名前 4 位的地区依次为安徽、广东、甘肃和内蒙古。4 个地区的水泥企业颗粒物排放量占全国水泥企业颗粒物排放量的 32.0%。2017 年各地区水泥企业颗粒物排放情况见图 3-19。

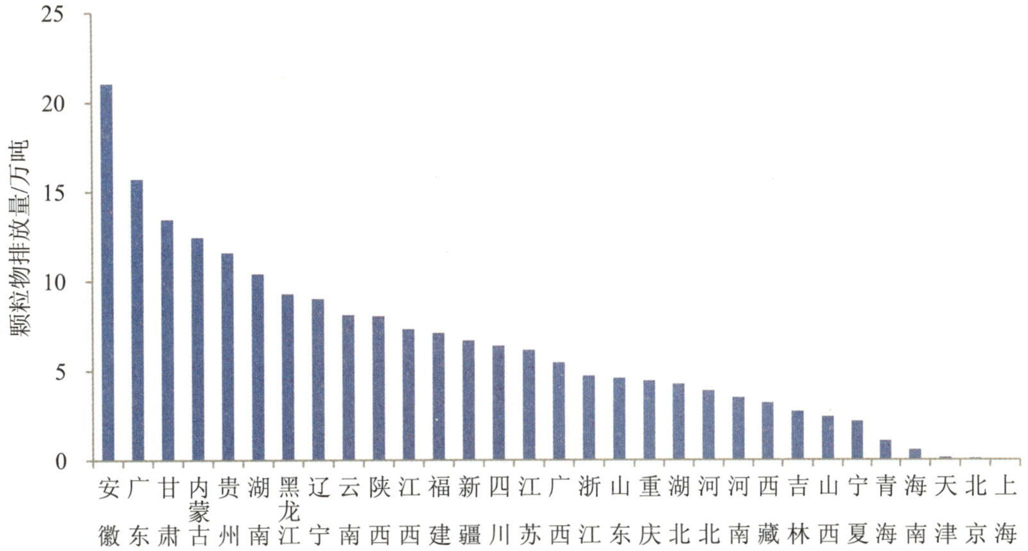

图 3-19　2017 年各地区水泥企业颗粒物排放情况

3.3.3.4　黑色金属冶炼和压延加工业

2017 年，黑色金属冶炼和压延加工业颗粒物排放量为 130.1 万吨，占全国工业源颗粒物排放量的 12.2%。黑色金属冶炼和压延加工业颗粒物排放量排名前 4 位的地区依次为甘肃、江苏、辽宁和河北。4 个地区的黑色金属冶炼和压延加工业颗粒物排放量占全国黑色金属冶炼和压延加工业颗粒物排放量的 46.8%。2017 年各地区黑色金属冶炼和压延加工业颗粒物排放情况见图 3-20。

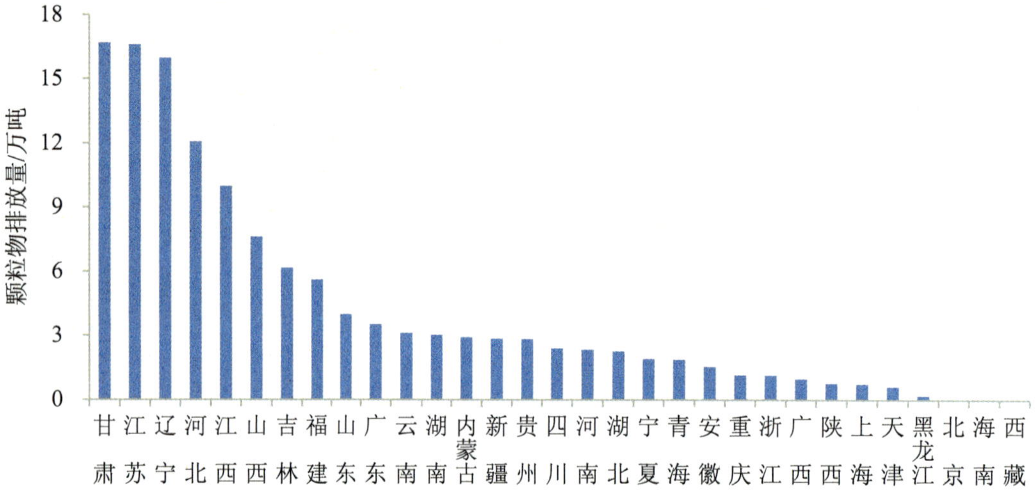

图 3-20　2017 年各地区黑色金属冶炼和压延加工业颗粒物排放情况

4

工业固体废物和危险废物

4.1 一般工业固体废物产生、综合利用和处置情况

4.1.1 全国及各地区产生、综合利用和处置情况

2017 年，全国一般工业固体废物产生量为 38.7 亿吨，综合利用量为 20.6 亿吨，处置量为 9.4 亿吨。

一般工业固体废物产生量排名前 5 位的地区依次为山西、内蒙古、河北、山东和辽宁，均超过 2 亿吨，分别占全国一般工业固体废物产生量的 11.2%、9.0%、8.8%、7.4% 和 6.0%。2017 年各地区一般工业固体废物产生情况见图 4-1。

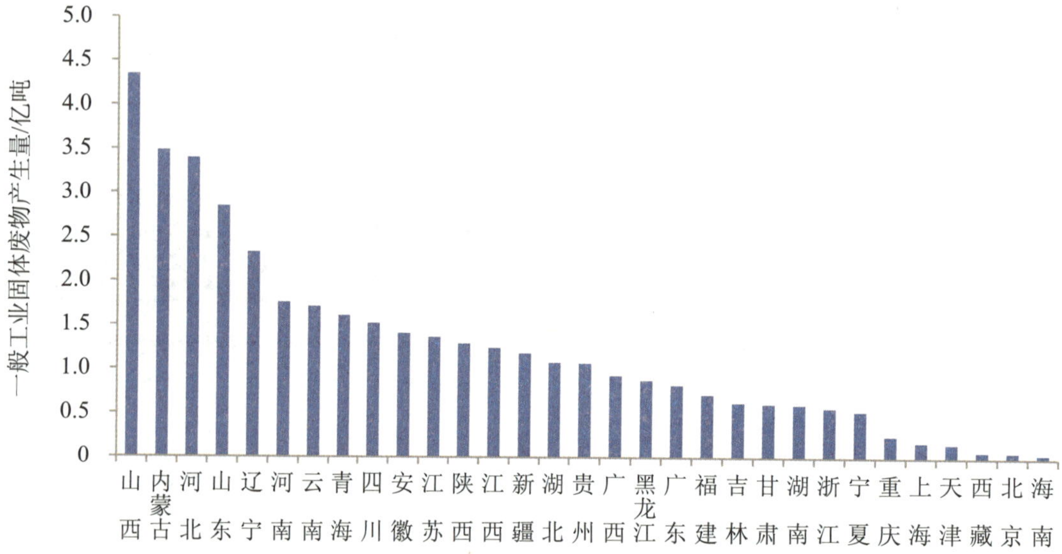

图 4-1　2017 年各地区一般工业固体废物产生量

一般工业固体废物综合利用量排名前 5 位的地区依次为山东、河北、山西、安徽和江苏，分别占全国一般工业固体废物综合利用量的 11.2%、8.6%、7.9%、6.1%和 6.0%。2017 年各地区一般工业固体废物综合利用情况见图 4-2。

一般工业固体废物处置量较大的地区集中在山西和内蒙古，处置量分别为 2.2 亿吨和 1.5 亿吨，分别占全国一般工业企业固体废物处置量的 22.8%和 15.5%。2017 年各地区一般工业固体废物处置情况见图 4-3。

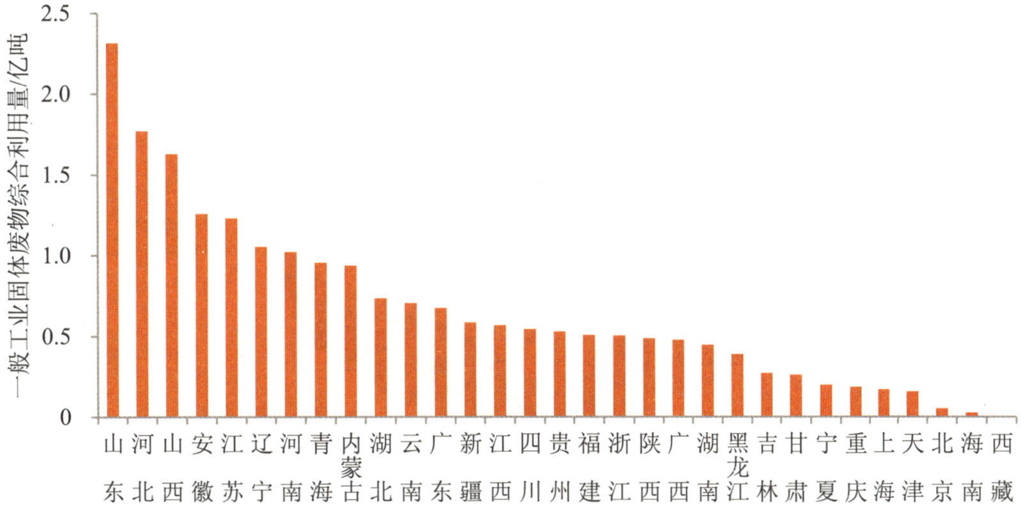

图 4-2　2017 年各地区一般工业固体废物综合利用情况

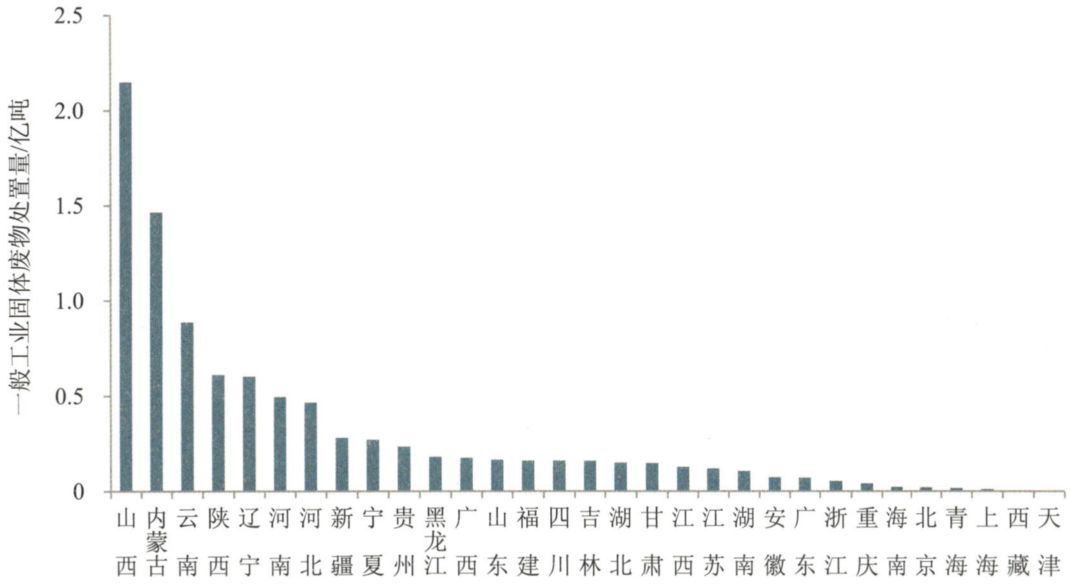

图 4-3　2017 年各地区一般工业固体废物处置情况

4.1.2　各工业行业产生、综合利用和处置情况

一般工业固体废物产生量有 9 个行业超过 1 亿吨，排名前 5 位的行业依次为电力、热力生产和供应业，有色金属矿采选业，黑色金属矿采选业，黑色金属冶炼和压延加工业，煤炭开采和洗选业，分别占全国一般工业固体废物产生量的 17.7%、14.6%、14.1%、12.6%和 12.6%。2017 年一般工业固体废物产生量行业构成见图 4-4。

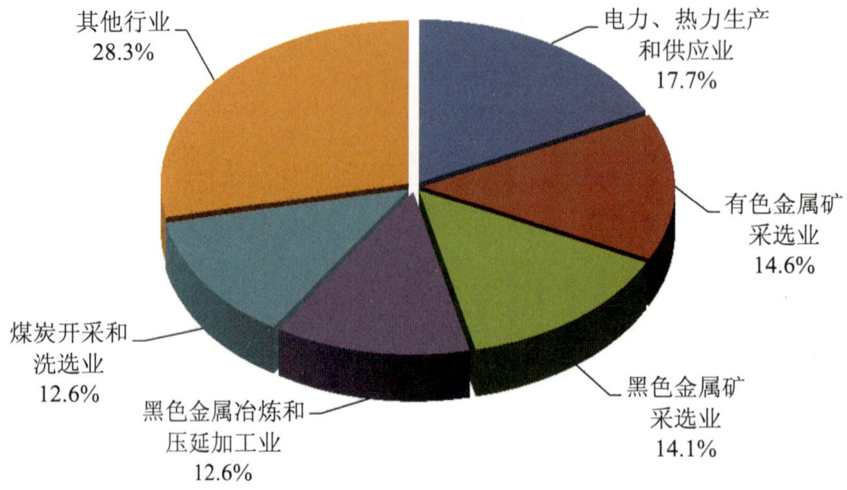

图 4-4　2017 年一般工业固体废物产生量行业构成

一般工业固体废物综合利用量排名前 5 位的行业依次为电力、热力生产和供应业，黑色金属冶炼和压延加工业，煤炭开采和洗选业，化学原料和化学制品制造业，黑色金属矿采选业。5 个行业的综合利用量均超过 1 亿吨，分别占全国一般工业固体废物综合利用量的 24.8%、20.9%、10.7%、10.6%和 5.6%。

一般工业固体废物处置量排名前 5 位的行业依次为有色金属矿采选业，煤炭开采和洗选业，黑色金属矿采选业，电力、热力生产和供应业，化学原料和化学制品制造业，分别占全国一般工业固体废物处置量的 23.8%、23.6%、15.0%、12.7%和 6.5%。2017 年主要行业一般工业固体废物综合利用和处置情况见图 4-5。

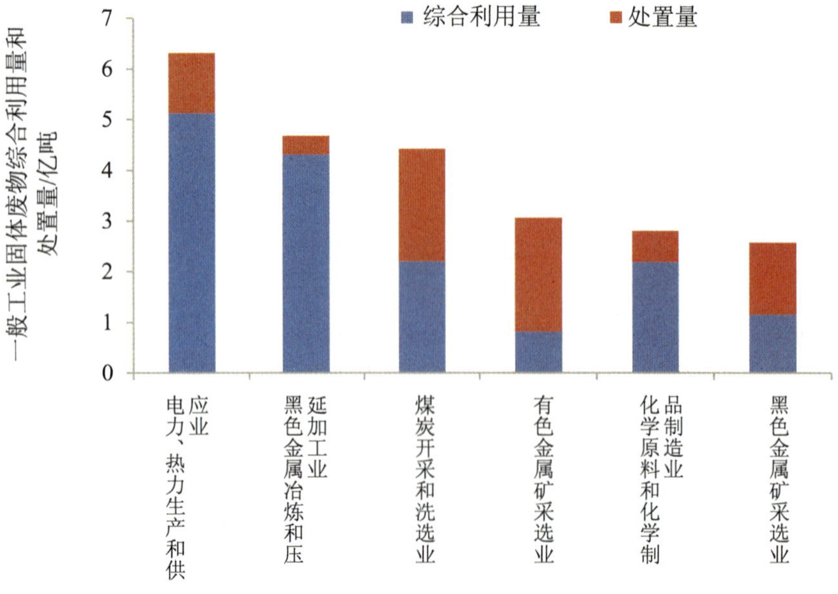

图 4-5　2017 年主要行业一般工业固体废物综合利用和处置情况

4.2 危险废物产生和利用处置情况

4.2.1 全国及各地区产生和利用处置情况

2017 年，全国工业危险废物产生量为 6 581.3 万吨，全国工业危险废物利用处置量为 5 972.7 万吨。

工业危险废物产生量排名前 5 位的地区依次是山东、湖南、江苏、浙江和广东，分别占全国工业危险废物产生量的 13.0%、9.6%、8.1%、5.9%和 5.2%。2017 年各地区工业危险废物产生情况见图 4-6。

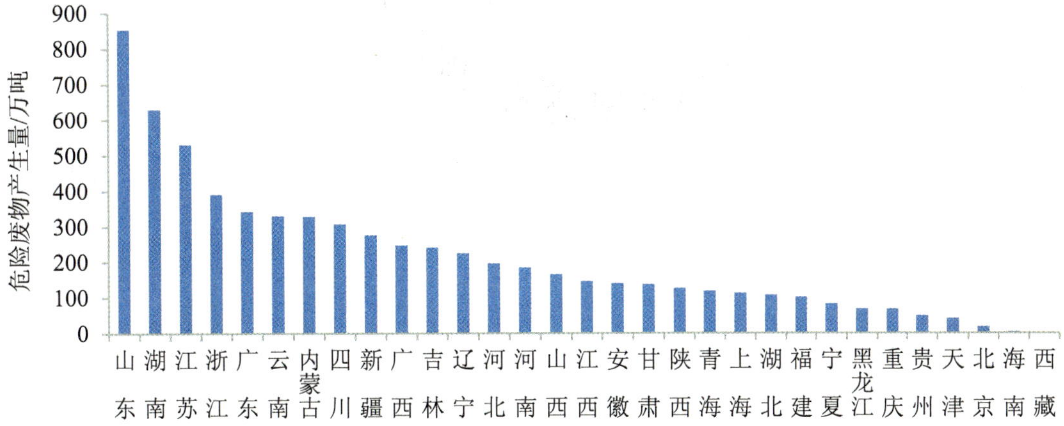

图 4-6　2017 年各地区工业危险废物产生情况

工业危险废物利用处置量排名前 5 位的地区依次为山东、湖南、江苏、浙江和内蒙古，分别占全国工业危险废物利用处置量的 12.2%、10.6%、8.4%、6.2%和 5.6%。2017 年各地区工业危险废物利用处置情况见图 4-7。

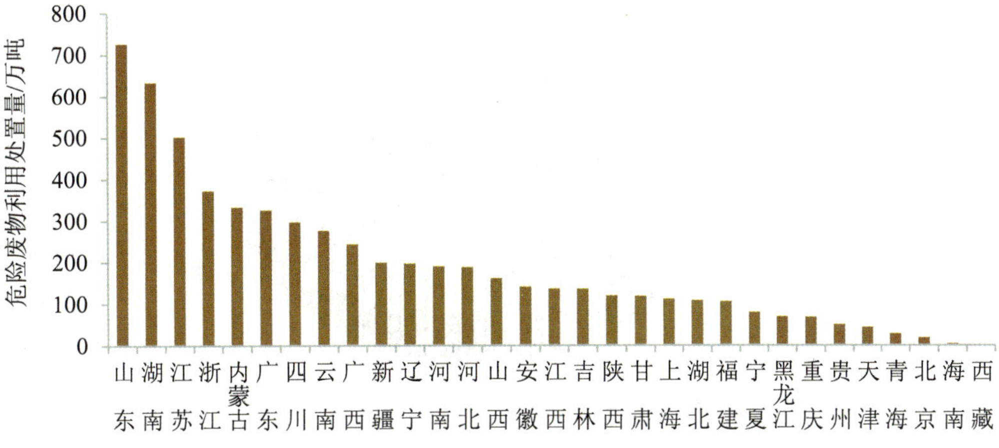

图 4-7　2017 年各地区工业危险废物利用处置情况

4.2.2 各工业行业产生和利用处置情况

工业危险废物产生量排名前 5 位的行业依次为化学原料和化学制品制造业，有色金属冶炼和压延加工业，石油、煤炭及其他燃料加工业，黑色金属冶炼和压延加工业，造纸和纸制品业。5 个行业的工业危险废物产生量占全国工业危险废物产生量的 64.8%。2017 年工业危险废物产生量行业分布情况见图 4-8。

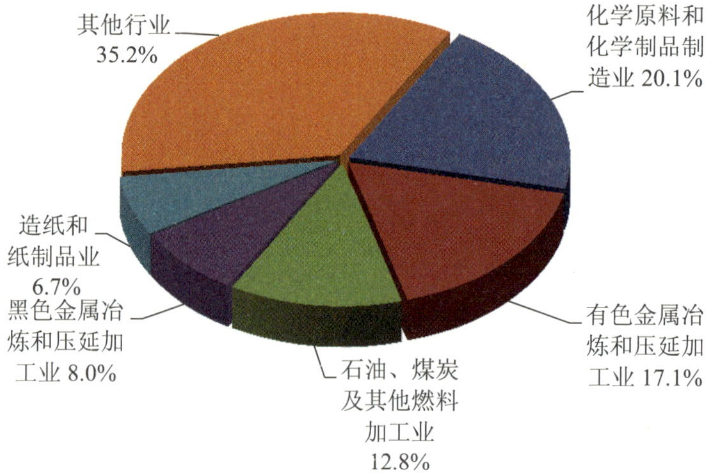

图 4-8 2017 年工业危险废物产生量行业分布情况

工业危险废物利用处置量排名前 5 位的行业依次为化学原料和化学制品制造业，有色金属冶炼和压延加工业，石油、煤炭及其他燃料加工业，黑色金属冶炼和压延加工业，造纸和纸制品业，5 个行业的工业危险废物利用处置量占全国工业危险废物利用处置量的 68.0%。2017 年工业行业危险废物利用处置情况见图 4-9。

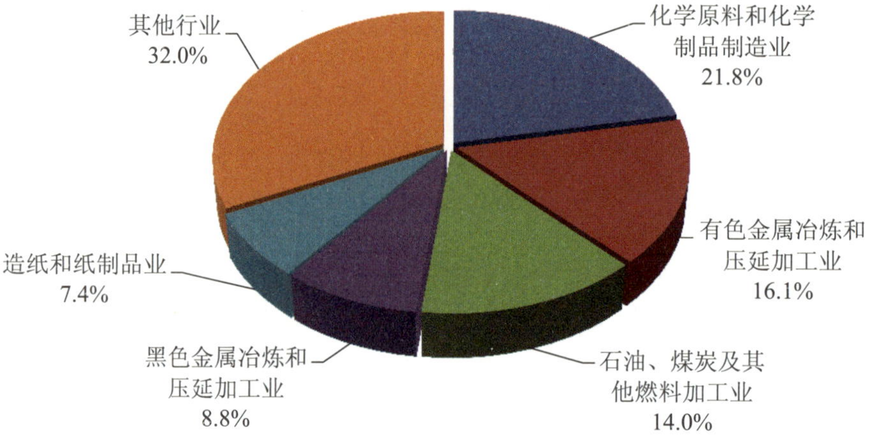

图 4-9 2017 年工业行业危险废物利用处置情况

5

污染治理设施

5.1 工业企业污染治理情况

5.1.1 工业废水治理情况

2017 年，全国纳入调查的涉水工业企业共有 73 376 家，废水治理设施共有 62 125 套，设计处理能力为 1.8 亿吨/日，年运行费用为 649.9 亿元，全年共处理工业废水 289.57 亿吨。工业废水治理设施数量排名前 3 位的地区依次为广东、江苏和浙江，工业废水处理量排名前 3 位的地区依次为江苏、河北和山东。2017 年各地区工业废水治理设施数见图 5-1。2017 年各地区工业废水处理量见图 5-2。

在调查统计的 42 个行业中，废水治理设施数量排名前 3 位的行业依次为化学原料和化学制品制造业、农副食品加工业以及金属制品业。工业废水处理量排名前 3 位的行业依次为黑色金属冶炼和压延加工业、造纸和纸制品业以及化学原料和化学制品制造业。2017 年工业行业废水治理设施数占比见图 5-3。2017 年工业行业废水处理量占比见图 5-4。

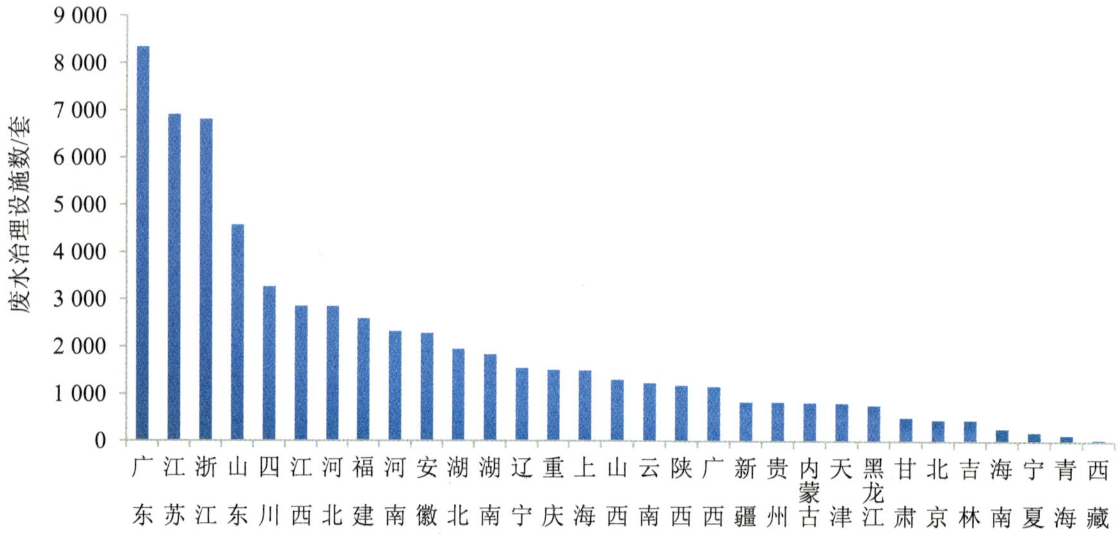

图 5-1 2017 年各地区工业废水治理设施数

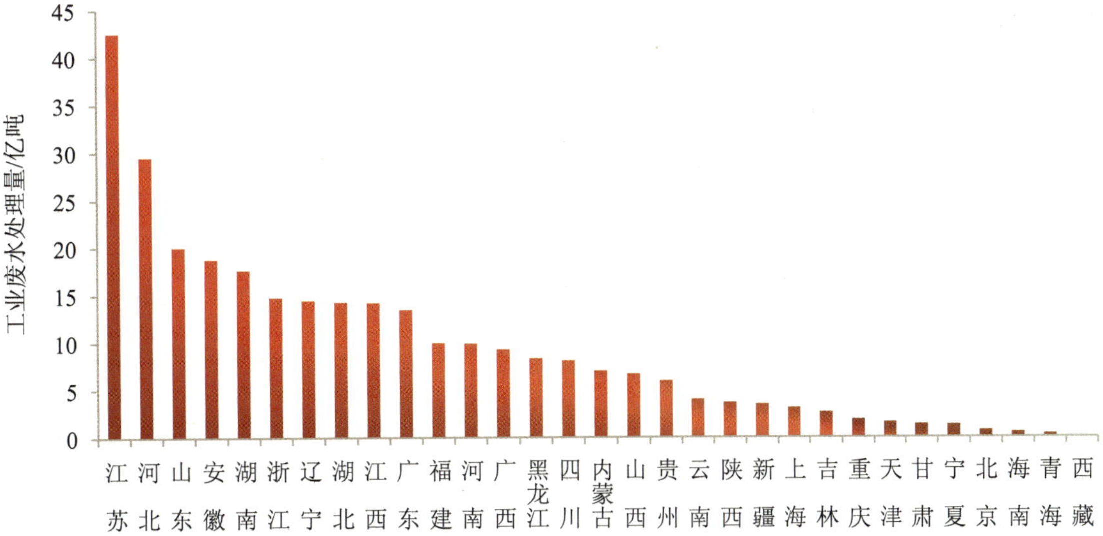

图 5-2　2017 年各地区工业废水处理情况

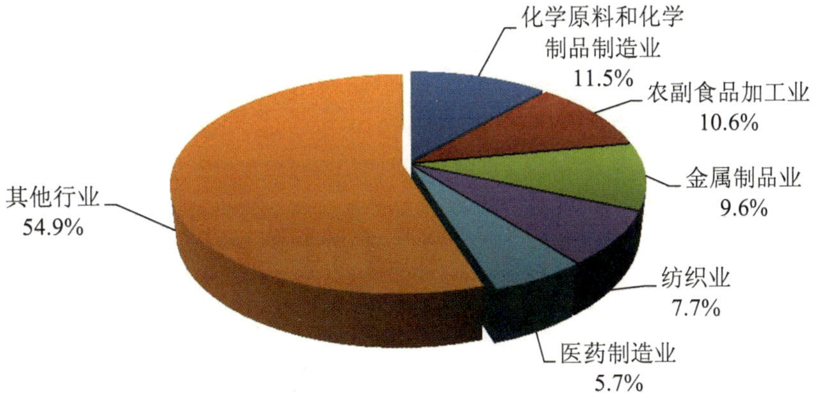

图 5-3　2017 年各工业行业废水治理设施数占比

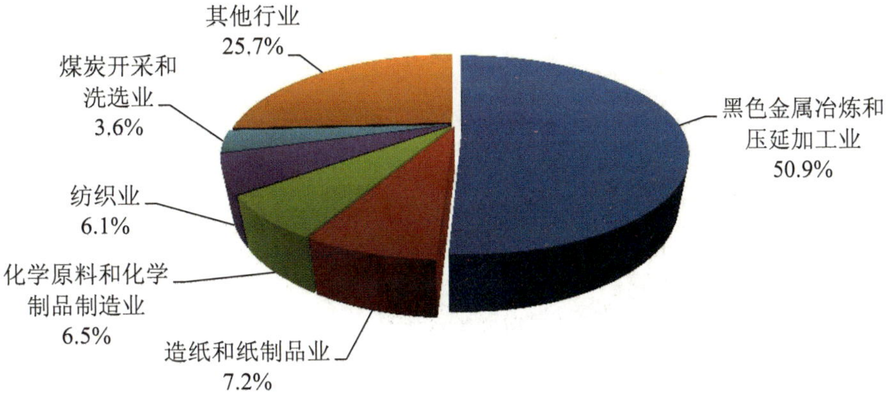

图 5-4　2017 年工业行业废水处理量占比

5.1.2 工业废气治理情况

2017 年，全国纳入调查的涉气工业企业共有 113 442 家，废气治理设施共有 229 618 套，其中脱硫设施 43 070 套、脱硝设施 18 859 套、除尘设施 125 630 套、VOCs 治理设施 42 059 套，年运行费用为 1 969.9 亿元。工业废气治理设施数量排名前 3 位的地区依次为山东、河北和广东。2017 年各地区废气治理设施数见图 5-5。

在调查统计的 42 个行业中，废气治理设施数量排名前 3 位的行业依次为非金属矿物制品业，电力、热力生产和供应业以及化学原料和化学制品制造业。2017 年工业行业废气治理设施数占比见图 5-6。

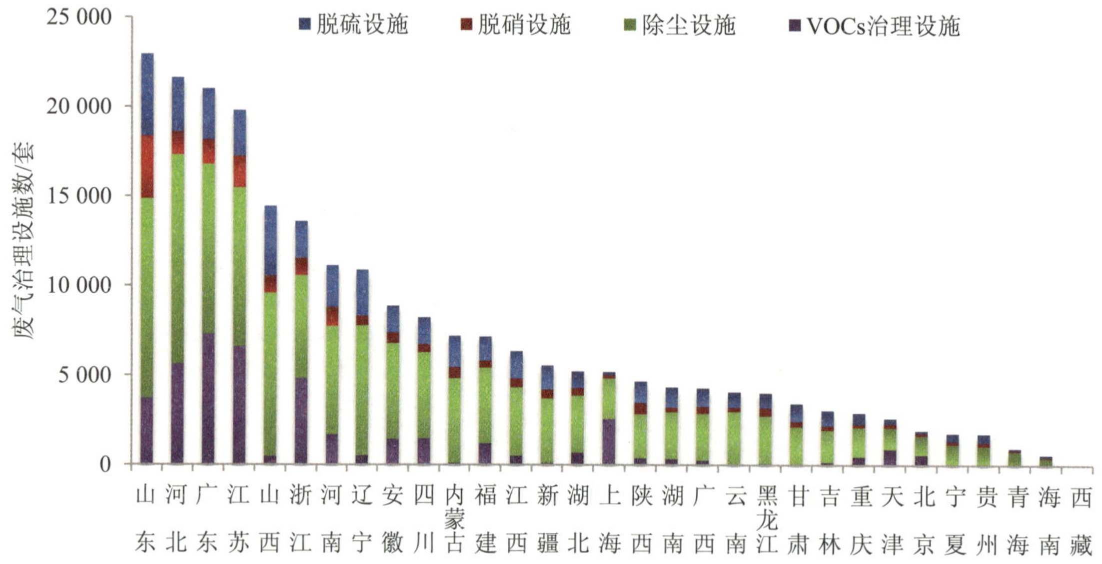

图 5-5　2017 年各地区废气治理设施数

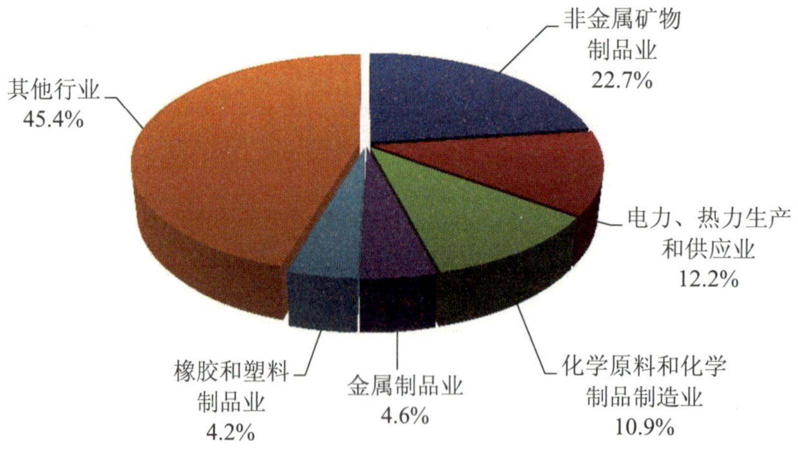

图 5-6　2017 年各工业行业废气治理设施数占比

5.2 集中式污染治理设施污染治理情况

5.2.1 污水处理厂情况

2017 年，全国纳入调查的污水处理厂共有 7 536 家。污水处理厂设计处理能力为 22 011.5 万吨/日，年运行费用为 644.5 亿元。全年共处理污水 627.2 亿吨，其中，处理生活污水 543.1 亿吨，占污水总处理量的 86.6%。共去除化学需氧量 1 540 万吨、氨氮 144 万吨、总氮 156.9 万吨、总磷 19.5 万吨。污水处理厂的污泥产生量为 1 507.4 万吨，污泥处置量为 1 505.9 万吨。2017 年各地区污水处理情况见图 5-7。

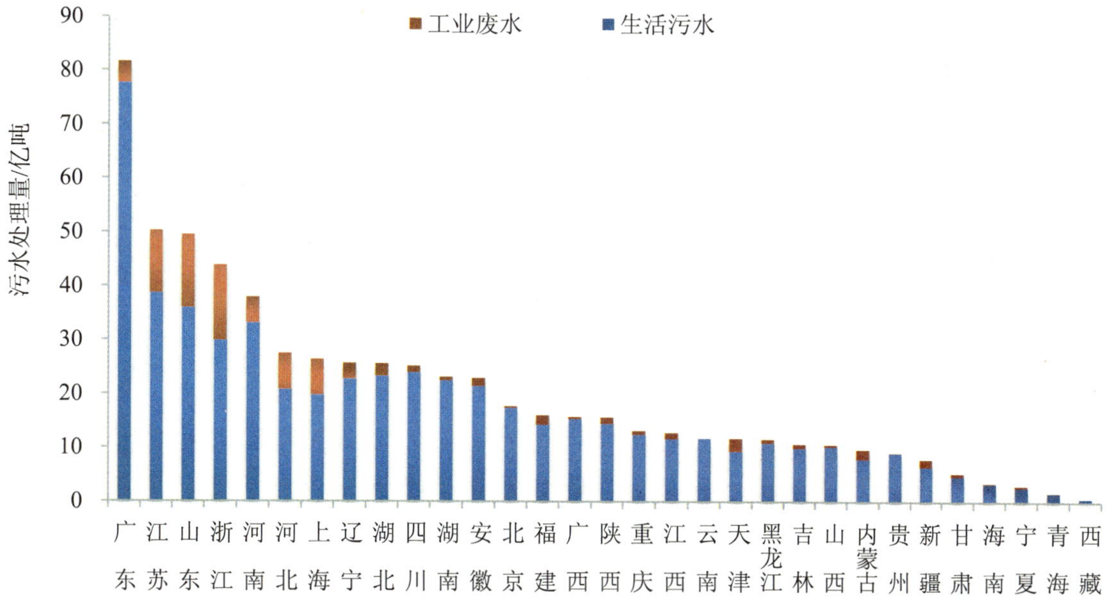

图 5-7 2017 年各地区污水处理情况

5.2.2 生活垃圾处理场（厂）情况

2017 年，全国纳入调查的生活垃圾处理场（厂）共 2 323 家，年运行费用为 96.1 亿元。全年生活垃圾实际填埋量 2.1 亿吨，堆肥量 203.6 万吨，焚烧处理量 8 855.6 万吨，其他方式处理量 1 579.4 万吨。渗滤液中化学需氧量排放量为 2.3 万吨，氨氮排放量为 3 439.6 吨；焚烧废气二氧化硫排放量为 1 513 吨，氮氧化物排放量为 6 788.8 吨，颗粒物排放量为 2 256.1 吨。2017 年各地区生活垃圾处理情况见图 5-8。

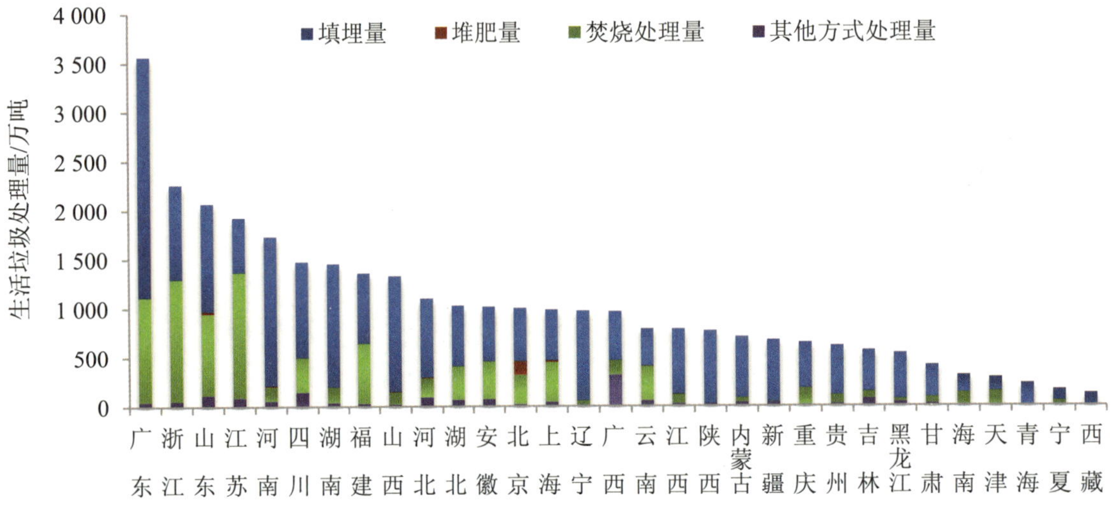

图 5-8 2017 年各地区生活垃圾处理情况

5.2.3 危险废物（医疗废物）集中处理厂情况

2017 年，全国纳入调查的危险废物集中处理厂 1 203 家，医疗废物集中处理厂 302 家，协同处置的企业 89 家。

年运行费用为 223.1 亿元，设计处置能力达到 27.3 万吨/日。危险废物实际综合利用量为 1 390.8 万吨；实际处置危险废物 912.6 万吨，其中处置工业危险废物 773.3 万吨，占总处置量的 84.7%，处置医疗废物 95.3 万吨，处置其他危险废物 44.0 万吨。2017 年各地区危险废物（医疗废物）集中处置情况见图 5-9。

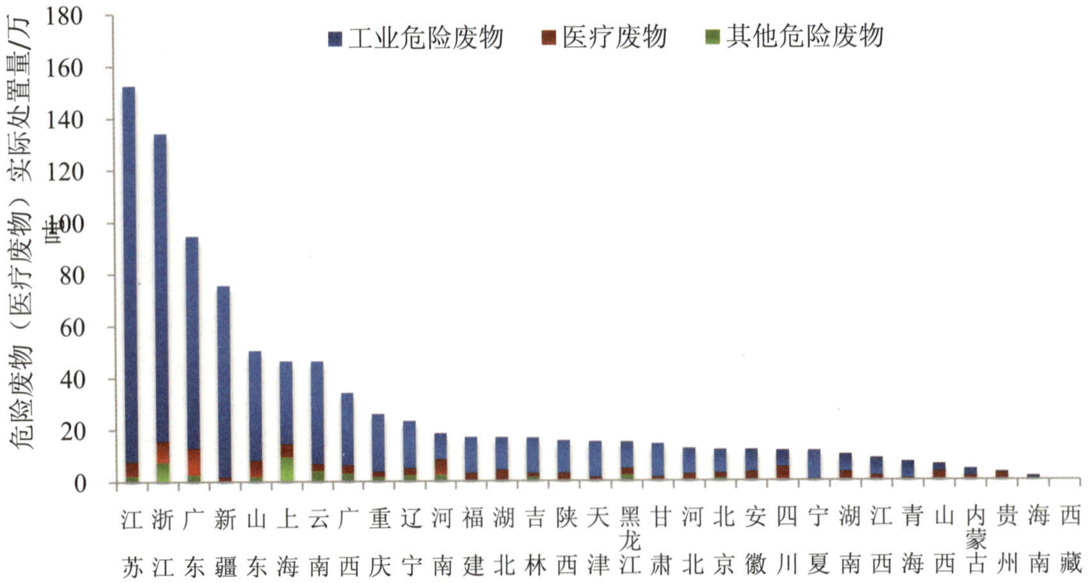

图 5-9 2017 年各地区危险废物（医疗废物）集中处置情况

6

生态环境污染治理投资

6.1 总体情况

6.1.1 环境污染治理投资总额

环境污染治理投资包括老工业污染源治理投资、建设项目“三同时”环保投资、城市环境基础设施建设投资三个部分。2017 年，全国环境污染治理投资总额为 9 539.0 亿元，占国内生产总值的 1.2%，占全社会固定资产投资总额的 1.5%。其中，城市环境基础设施建设投资为 6 085.7 亿元，老工业污染源治理投资为 681.5 亿元，建设项目“三同时”环保投资为 2 771.7 亿元，分别占环境污染治理投资总额的 63.8%、7.1%和 29.1%。2017 年全国环境污染治理投资情况见表 6-1。

表 6-1 2017 年全国环境污染治理投资情况

单位：亿元

城市环境基础设施建设投资	老工业污染源治理投资	建设项目“三同时”环保投资	投资总额
6 085.7	681.5	2 771.7	9 539.0

注：从 2012 年起，城市环境基础设施建设投资中包括城市的环境基础设施建设投资以及县城的相关投资，下同。

6.1.2 污染治理设施直接投资

污染治理设施直接投资是指直接用于污染治理设施、具有直接环保效益的投资，具体包括老工业污染源治理投资、建设项目“三同时”环保投资以及城市环境基础设施建设投资中用于污水处理及再生利用、污泥处置和垃圾处理设施的投资。

2017 年，全国污染治理设施直接投资总额为 4 327.4 亿元，占污染治理投资总额的 45.4%，其中城市环境基础设施建设投资、老工业污染源治理投资和建设项目“三同时”环保投资分别占污染治理设施直接投资的 20.2%、15.8%和 64.0%。2017 年全国污染治理设施直接投资情况见表 6-2。

表 6-2 2017 年全国污染治理设施直接投资情况

污染治理设施直接投资/亿元	城市环境基础设施建设投资	老工业污染源治理投资	建设项目“三同时”环保投资	占当年环境污染治理投资总额比例/%	占当年 GDP 比例/%
4 327.4	874.2	681.5	2 771.7	45.4	0.5

6.1.3 各地区环境污染治理投资

2017 年，我国环境污染治理投资总额为 9 539.0 亿元，除西藏、青海、海南、天津、宁夏、甘肃和吉林外，其余 24 个地区环境污染治理投资总额均超过 100 亿元，见图 6-1。

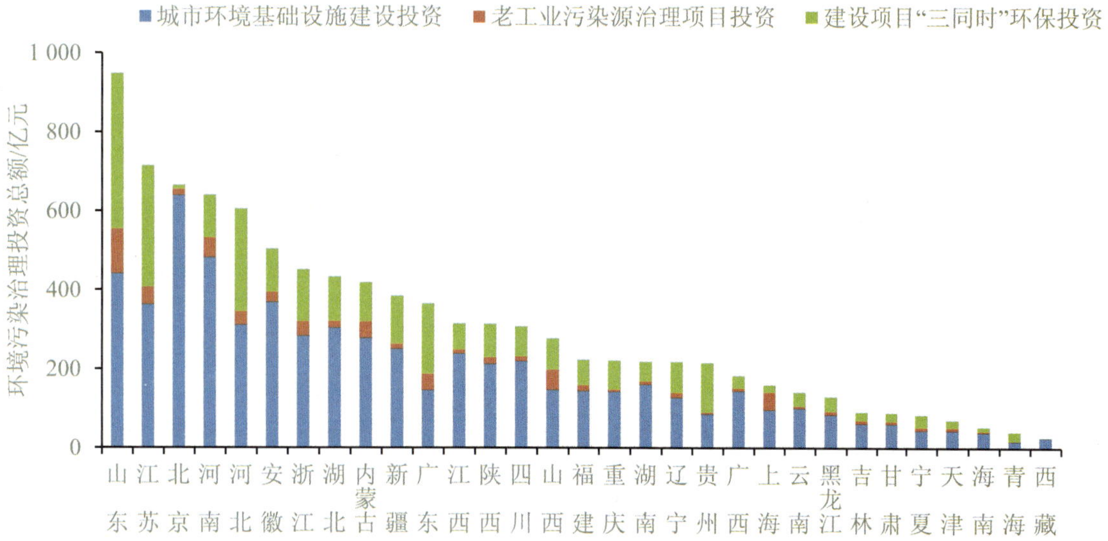

图 6-1　2017 年各地区环境污染治理投资情况

6.2 城市环境基础设施建设投资

2017 年，城市环境基础设施建设投资总额为 6 085.7 亿元，其中，燃气工程建设投资为 566.7 亿元，集中供热工程建设投资为 778.3 亿元，排水工程建设投资为 1 727.5 亿元，园林绿化工程建设投资为 2 390.2 亿元，市容环境卫生工程建设投资为 623.0 亿元。燃气、集中供热、排水、园林绿化和市容环境卫生投资分别占城市环境基础设施建设总投资的 9.3%、12.8%、28.4%、39.3%和 10.2%。

2017 年全国城市环境基础设施建设投资构成见表 6-3。

表 6-3　2017 年全国城市环境基础设施建设投资构成　　单位：亿元

投资总额					
	燃气	集中供热	排水	园林绿化	市容环境卫生
6 085.7	566.7	778.3	1 727.5	2 390.2	623.0

6.3 老工业污染源治理投资

2017 年，老工业污染源污染治理本年施工项目为 9 809 个，其中，废水、废气、固体废物、噪声及其他治理项目分别为 1 402 个、6 383 个、138 个、107 个和 1 779 个，分别占本年施工项目数的 14.3%、65.1%、1.4%、1.1%和 18.1%。

老工业污染源污染治理投资总额为 681.5 亿元，其中，废水、废气、固体废物、噪声及其他治理项目投资分别为 76.4 亿元、446.3 亿元、12.7 亿元、0.2 亿元和 144.9 亿元，分别占老工业污染源治理投资额的 11.2%、65.5%、1.9%、0.2%和 21.3%。

2017 年老工业污染源治理投资构成见表 6-4。

表 6-4　2017 年老工业污染源治理投资构成　　单位：亿元

投资总额	废水	废气	固体废物	噪声	其他
681.5	76.4	446.3	12.7	0.2	144.9

6.4 建设项目“三同时”环保投资

2017 年，建设项目“三同时”环保投资为 2 771.7 亿元，占建设项目投资总额的 6.1%。

2017 年建设项目“三同时”环保投资情况见表 6-5。

表 6-5　2017 年建设项目“三同时”环保投资情况

环保投资额/亿元	占建设项目投资总额/%	占全社会固定资产投资总额/%	占环境污染治理投资总额/%
2 771.7	6.1	0.4	29.1

7

生态环境管理

7.1 环境信访情况

2017 年，全国各级环保系统接到群众电话举报 409 548 件，微信举报 129 417 件，网上举报 79 878 件，承办的人大建议 8 372 件，政协提案 9 900 件。

7.2 环境法制情况

2017 年，全国当年颁布地方性环保法规 91 件，累计有效的地方性环保法规 480 件。当年颁布地方政府环保规章 41 件，累计有效的政府环保规章 318 件，当年受理的行政复议案件 1 077 件。

7.3 环境科技与标准情况

2017 年，全国当年发布的地方环境保护标准 48 项，全国当年开展强制性清洁生产审核评估企业 6 352 家。

7.4 环境影响评价情况

2017 年，全国当年建设项目环境影响评价文件审批 12.5 万项，环境影响登记表备案 49.2 万项。审批和备案的建设项目投资总额 449 989.2 亿元，审批和备案的建设项目环保投资总额 21 775.2 亿元。

7.5 环境监测情况

2017 年，全国环境监测部门/机构 3 336 个，环境监测人员 58 670 人。全国监测用房总面积为 285.6 万平方米，监测业务经费为 166.5 亿元。环境监测仪器 31.7 万台（套），仪器设备原值为 218.8 亿元。

全国环境空气监测点位 4 798 个，酸雨监测点位 1 118 个，沙尘天气影响环境质量监测点位 121 个，地表水水质监测断面 9 719 个，集中式饮用水水源地监测点位 4 833 个，近岸海域监测点位 885 个，开展环境噪声监测的监测点位 79 546 个，开展污染源监督性监测的重点企业 20 491 家。

7.6 自然生态保护与建设情况

2017 年，全国各类自然保护区共计 2 750 个，自然保护区面积为 14 716.7 万公顷，约占国土面积的 14.9%。

7.7 辐射环境监测情况

2017 年，全国辐射环境监测用房面积为 9.2 万平方米，辐射环境监测仪器设备原值总值为 10.7 亿元，辐射环境监测仪器设备数量为 9 375 台（套）。

7.8 环境监察执法情况

2017 年，全国已实施自动监控的重点排污单位有 15 759 家，其中已实施自动监控的废水排放口有 10 732 个，废气排放口有 15 228 个。实施自动监控的重点排污单位中，化学需氧量监控设备与环境保护部门稳定联网的有 10 718 家，氨氮监控设备与环境保护部门稳定联网的有 10 056 家，二氧化硫监控设备与环境保护部门稳定联网的有 12 457 家，氮氧化物监控设备与环境保护部门稳定联网的有 12 136 家，烟尘监控设备与环境保护部门稳定联网的有 14 816 家。

2017 年，全国排污费解缴入库单位共 26.0 万户，入库金额为 220.0 亿元。

2017 年，全国环境监察执法人员共 94 929 人，持有环境监察执法证件人员共 69 175 人，纳入日常监管随机抽查的污染源共 809 526 家，随机抽查 632 603 家（次）。2017 年，环保部门下达处罚决定书共 23.3 万件，罚没款金额共 115.8 亿元。

7.9 环境应急情况

2017 年，全国发生突发环境事件 302 次，其中重大环境事件 1 次，较大环境事件 6 次，一般环境事件 295 次。

2017 年，全国地级以上城市启动重污染天气应急预案 875 次，启动天数 4 673 天。

8

全国辐射环境水平

8.1 环境电离辐射

2017 年，全国环境电离辐射水平处于本底涨落范围内。实时连续空气吸收剂量率和累积剂量处于当地天然本底涨落范围内。空气中天然放射性核素活度浓度处于本底水平，人工放射性核素活度浓度未见异常。长江、黄河、珠江、松花江、淮河、海河、辽河七大流域和浙闽片河流、西北诸河、西南诸河及重点湖泊（水库）中天然放射性核素活度浓度处于本底水平，人工放射性核素活度浓度未见异常。城市集中式饮用水水源地水及地下饮用水中总 α 活度和总β 活度浓度低于《生活饮用水卫生标准》（GB 5749—2006）规定的指导值。近岸海域海水和海洋生物中天然放射性核素活度浓度处于本底水平，人工放射性核素活度浓度未见异常，其中海水中人工放射性核素活度浓度远低于《海水水质标准》（GB 3097—1997）规定的限值。土壤中天然放射性核素活度浓度处于本底水平，人工放射性核素活度浓度未见异常。

8.2 运行核电基地周围环境电离辐射

2017 年，运行核电基地周围未监测到因核电厂运行引起的实时连续空气吸收剂量率异常。红沿河核电基地、宁德核电基地、福清核电基地、防城港核电基地和昌江核电基地周围空气、水、土壤、生物等环境介质中人工放射性核素活度浓度均未见异常，秦山核电基地、大亚湾核电基地、阳江核电基地和田湾核电基地周围部分环境介质中氚活度浓度与核电厂运行前本底相比有所升高。评估结果显示，上述核电厂运行对公众造成的辐射剂量均远低于国家规定的剂量限值，未对环境安全和公众健康造成影响。

8.3 民用研究堆周围环境电离辐射

2017 年，清华大学核能与新能源技术研究院和深圳大学微堆等设施周围环境 γ 辐射空气吸收剂量率，气溶胶、沉降物、水和土壤中人工放射性核素活度浓度未见异常；中国原子能科学研究院和中国核动力研究设计院周围部分环境介质中检出微量的人工放射性核素碘-131 和钴-60。评估结果显示，上述民用研究堆对公众造成的辐射剂量均远低于国家规定的剂量限值，未对环境安全和公众健康造成影响。

8.4 核燃料循环设施和废物处置设施周围环境电离辐射

2017 年，中核兰州铀浓缩有限公司、中核陕西铀浓缩有限公司、中核北方核燃料元件有限公司、中核建中核燃料元件有限公司和中核四〇四有限公司等的核燃料循环设施，以及西北低中放固体废物处置场和广东低中放固体废物北龙处置场周围环境 γ 辐射空气吸收剂量率处于当地天然本底涨落范围内，环境介质中与上述企业活动相关的放射性核素活度浓度未见异常。

8.5 铀矿冶周围环境电离辐射

2017 年，铀矿冶设施周围辐射环境质量总体稳定。周围环境 γ 辐射空气吸收剂量率、空气中氡活度浓度、气溶胶中总 α 活度浓度、地表水中总铀浓度和地表水中镭-226 浓度与历年处于同一水平，周边饮用水中总铀浓度、铅-210 浓度、钋-210 浓度和镭-226 浓度低于《铀矿冶辐射防护和环境保护规定》（GB 23727—2009）的相应限值。

8.6 环境电磁辐射

2017 年，各直辖市和省会城市环境电磁辐射水平均远低于《电磁环境控制限值》（GB 8702—2014）规定的公众曝露控制限值。监测的广播电视发射设施、移动通信基站天线周围电磁环境敏感目标的电磁辐射水平、输电线和变电站周围电磁环境敏感目标的工频电场强度和磁感应强度均低于《电磁环境控制限值》（GB 8702—2014）规定的公众曝露控制限值。

9

各地区污染排放及治理统计

各地区主要污染物排放情况（一）
Discharge of Key Pollutants by Region（1）
（2017）

单位：吨 （ton）

年份/地区	Year/ Region	化学需氧量排放量 Total Volume of COD Discharged	工业源 Industrial	农业源 Agricultural	生活源 Household	集中式污染治理设施 Centralized Treatment
	2016	**6 580 994**	**1 228 259**	**571 052**	**4 735 477**	**46 201**
	2017	**6 088 840**	**909 631**	**317 661**	**4 838 155**	**23 393**
北　京	BEIJING	39 907	1 484	8 799	29 464	160
天　津	TIANJIN	44 278	3 325	11 842	29 009	102
河　北	HEBEI	276 088	21 184	29 583	224 676	645
山　西	SHANXI	114 607	13 366	9 071	89 193	2 978
内蒙古	INNER MONGOLIA	74 076	25 020	3 356	45 453	247
辽　宁	LIAONING	162 960	42 290	766	118 479	1 425
吉　林	JILIN	78 922	19 283	532	58 982	125
黑龙江	HEILONGJIANG	165 490	22 250	10 511	132 481	247
上　海	SHANGHAI	65 181	8 288	1 765	53 275	1 853
江　苏	JIANGSU	530 343	132 351	18 747	378 744	500
浙　江	ZHEJIANG	232 839	58 287	5 168	168 010	1 373
安　徽	ANHUI	323 910	28 927	6 152	288 048	783
福　建	FUJIAN	260 653	27 625	11 277	219 814	1 936
江　西	JIANGXI	319 477	65 972	18 813	231 944	2 748
山　东	SHANDONG	316 890	56 718	29 911	229 937	325
河　南	HENAN	288 546	23 880	6 773	257 387	506
湖　北	HUBEI	311 144	21 297	6 257	283 132	457
湖　南	HUNAN	308 940	53 308	7 844	247 472	316
广　东	GUANGDONG	674 766	75 859	23 105	575 002	800
广　西	GUANGXI	326 426	27 636	7 256	291 349	185
海　南	HAINAN	51 539	6 082	7	45 420	30
重　庆	CHONGQING	55 717	18 305	116	36 720	576
四　川	SICHUAN	325 638	42 191	6 011	276 234	1 202
贵　州	GUIZHOU	121 203	7 546	1 723	111 736	198
云　南	YUNNAN	112 363	18 199	1 766	90 241	2 156
西　藏	TIBET	18 674	1 180	0	17 323	171
陕　西	SHAANXI	112 871	18 683	4 376	89 311	501
甘　肃	GANSU	72 248	24 353	2 700	44 644	550
青　海	QINGHAI	20 233	2 819	15	17 313	86
宁　夏	NINGXIA	86 938	15 256	46 076	25 564	42
新　疆	XINJIANG	195 976	26 667	37 343	131 796	169

各地区主要污染物排放情况（二）
Discharge of Key Pollutants by Region（2）
（2017）

单位：吨 （ton）

年份/地区	Year/Region	氨氮排放量 Total Volume of Ammonia Nitrogen Discharged	工业源 Industrial	农业源 Agricultural	生活源 Household	集中式污染治理设施 Centralized Treatment
	2016	**567 704**	**64 502**	**12 537**	**484 089**	**6 578**
	2017	**508 657**	**44 500**	**6 576**	**454 119**	**3 463**
北　京	BEIJING	1 026	44	76	883	22
天　津	TIANJIN	1 834	168	147	1 510	10
河　北	HEBEI	25 047	1 440	439	23 089	79
山　西	SHANXI	12 395	719	95	10 956	626
内蒙古	INNER MONGOLIA	4 947	1 669	15	3 229	34
辽　宁	LIAONING	14 896	1 542	10	13 173	171
吉　林	JILIN	6 281	1 055	42	5 161	24
黑龙江	HEILONGJIANG	15 770	1 073	40	14 607	50
上　海	SHANGHAI	9 420	592	118	8 451	259
江　苏	JIANGSU	39 115	8 038	696	30 341	39
浙　江	ZHEJIANG	16 007	1 749	418	13 776	64
安　徽	ANHUI	19 561	1 220	160	18 158	22
福　建	FUJIAN	17 611	1 146	486	15 879	100
江　西	JIANGXI	26 088	3 562	1 044	20 829	653
山　东	SHANDONG	25 555	2 771	240	22 509	35
河　南	HENAN	25 471	1 079	157	24 199	37
湖　北	HUBEI	26 572	1 178	303	25 003	88
湖　南	HUNAN	29 763	3 163	281	26 280	39
广　东	GUANGDONG	51 149	2 848	570	47 655	76
广　西	GUANGXI	22 863	1 182	157	21 488	36
海　南	HAINAN	5 502	313	1	5 185	2
重　庆	CHONGQING	5 258	766	3	4 424	66
四　川	SICHUAN	32 535	1 701	191	30 424	220
贵　州	GUIZHOU	13 824	399	39	13 345	41
云　南	YUNNAN	12 663	680	22	11 580	381
西　藏	TIBET	2 279	21	0	2 222	36
陕　西	SHAANXI	10 523	745	67	9 608	103
甘　肃	GANSU	5 940	512	6	5 314	107
青　海	QINGHAI	2 746	262	1	2 470	13
宁　夏	NINGXIA	4 477	909	223	3 339	6
新　疆	XINJIANG	21 540	1 954	528	19 033	24

各地区主要污染物排放情况（三）

Discharge of Key Pollutants by Region（3）

（2017）

单位：吨 （ton）

年份/地区	Year/Region	二氧化硫排放量 Total Volume of Sulphur Dioxide Discharged	工业源 Industrial	生活源 Household	集中式污染治理设施 Centralized Treatment
	2016	**8 548 930**	**7 704 689**	**840 128**	**4 118**
	2017	**6 108 376**	**5 298 770**	**805 186**	**4 421**
北　京	BEIJING	6 540	1 770	4 770	0
天　津	TIANJIN	25 146	21 793	3 318	35
河　北	HEBEI	433 093	351 423	80 702	968
山　西	SHANXI	341 190	296 020	45 087	82
内蒙古	INNER MONGOLIA	378 120	322 239	55 856	24
辽　宁	LIAONING	348 989	320 693	28 274	21
吉　林	JILIN	122 695	103 156	19 530	10
黑龙江	HEILONGJIANG	183 744	132 421	51 303	20
上　海	SHANGHAI	13 770	13 524	234	13
江　苏	JIANGSU	383 163	369 622	13 141	399
浙　江	ZHEJIANG	111 807	105 135	5 537	1 135
安　徽	ANHUI	195 393	182 149	13 074	171
福　建	FUJIAN	119 540	113 320	6 141	79
江　西	JIANGXI	317 240	299 639	17 438	163
山　东	SHANDONG	416 328	362 859	53 331	138
河　南	HENAN	139 811	130 650	9 145	15
湖　北	HUBEI	173 671	109 009	64 610	52
湖　南	HUNAN	275 865	174 714	101 086	65
广　东	GUANGDONG	187 284	179 442	7 609	233
广　西	GUANGXI	105 198	104 066	1 040	93
海　南	HAINAN	9 659	9 654	0	5
重　庆	CHONGQING	122 408	104 932	17 368	108
四　川	SICHUAN	223 222	211 230	11 892	99
贵　州	GUIZHOU	358 904	296 704	62 070	129
云　南	YUNNAN	260 106	225 082	34 874	150
西　藏	TIBET	3 027	1 850	1 176	2
陕　西	SHAANXI	185 807	166 795	18 873	140
甘　肃	GANSU	131 307	101 872	29 435	0
青　海	QINGHAI	50 331	46 110	4 184	37
宁　夏	NINGXIA	148 087	144 206	3 869	12
新　疆	XINJIANG	336 931	296 690	40 218	23

各地区主要污染物排放情况（四）
Discharge of Key Pollutants by Region（4）
（2017）

单位：吨　　　　　　　　　　　　　　　　　　　　　　　　　　　　　（ton）

年份/地区	Year/ Region	氮氧化物排放量 Total Volume of Nitrogen Oxide Discharged	工业源 Industrial	生活源 Household	机动车 Vehicle	集中式污染治理设施 Centralized Treatment
	2016	**15 033 045**	**8 091 004**	**615 725**	**6 315 965**	**10 356**
	2017	**13 483 990**	**6 464 927**	**591 756**	**6 412 177**	**15 131**
北　京	BEIJING	123 995	9 847	11 432	102 684	32
天　津	TIANJIN	120 424	41 586	6 077	72 601	160
河　北	HEBEI	1 227 933	612 608	56 968	555 541	2 816
山　西	SHANXI	652 472	394 535	32 155	225 629	153
内蒙古	INNER MONGOLIA	576 481	363 062	46 589	166 713	117
辽　宁	LIAONING	742 830	412 874	30 650	299 265	42
吉　林	JILIN	262 265	112 009	19 795	130 436	25
黑龙江	HEILONGJIANG	402 331	147 309	69 950	184 957	114
上　海	SHANGHAI	169 574	43 595	3 179	122 542	258
江　苏	JIANGSU	931 754	484 079	12 757	431 697	3 221
浙　江	ZHEJIANG	420 403	178 972	5 322	233 525	2 583
安　徽	ANHUI	583 697	265 165	12 479	305 659	394
福　建	FUJIAN	290 188	159 625	3 602	126 484	476
江　西	JIANGXI	415 826	213 164	9 202	193 110	349
山　东	SHANDONG	1 195 164	521 467	34 010	639 317	371
河　南	HENAN	693 940	214 378	11 454	468 060	48
湖　北	HUBEI	390 604	158 290	34 316	197 822	176
湖　南	HUNAN	433 746	200 798	61 051	171 567	329
广　东	GUANGDONG	764 960	329 759	7 552	427 013	636
广　西	GUANGXI	372 240	193 868	740	176 994	638
海　南	HAINAN	55 287	27 987	205	27 059	36
重　庆	CHONGQING	196 616	84 841	8 378	103 209	189
四　川	SICHUAN	513 551	247 493	13 167	252 630	261
贵　州	GUIZHOU	286 128	166 425	16 604	102 080	1 019
云　南	YUNNAN	348 156	166 729	17 730	163 528	169
西　藏	TIBET	34 095	5 548	359	28 188	0
陕　西	SHAANXI	354 925	174 781	15 159	164 625	360
甘　肃	GANSU	225 961	105 189	15 188	105 583	2
青　海	QINGHAI	87 712	50 754	5 137	31 764	57
宁　夏	NINGXIA	180 492	119 599	2 739	58 110	44
新　疆	XINJIANG	430 241	258 589	27 813	143 786	54

各地区主要污染物排放情况（五）
Discharge of Key Pollutants by Region（5）
（2017）

单位：吨 （ton）

年份/地区	Year/ Region	颗粒物排放量 Total Volume of Particulate Matter Discharged	工业源 Industrial	生活源 Household	机动车 Vehicle	集中式污染治理设施 Centralized Treatment
	2016	**16 080 107**	**13 761 577**	**2 192 114**	**122 757**	**3 662**
	2017	**12 849 494**	**10 669 966**	**2 061 452**	**114 314**	**3 762**
北　京	BEIJING	34 487	13 007	20 287	1 191	1
天　津	TIANJIN	43 303	25 925	16 411	959	9
河　北	HEBEI	578 014	370 516	193 246	13 784	467
山　西	SHANXI	716 957	586 861	125 922	2 792	1 382
内蒙古	INNER MONGOLIA	1 060 885	883 005	172 970	4 895	14
辽　宁	LIAONING	832 912	744 165	81 189	7 547	11
吉　林	JILIN	349 678	266 695	81 213	1 768	3
黑龙江	HEILONGJIANG	719 483	416 662	299 481	3 284	56
上　海	SHANGHAI	19 949	17 889	792	1 260	8
江　苏	JIANGSU	632 001	571 144	55 150	5 406	301
浙　江	ZHEJIANG	314 512	302 275	8 566	3 394	277
安　徽	ANHUI	588 806	544 389	39 961	4 405	51
福　建	FUJIAN	370 241	356 602	11 661	1 921	57
江　西	JIANGXI	557 413	522 520	31 500	2 974	419
山　东	SHANDONG	483 351	348 025	122 877	12 401	48
河　南	HENAN	256 801	218 293	25 585	12 911	12
湖　北	HUBEI	414 985	274 935	137 178	2 801	71
湖　南	HUNAN	600 357	337 509	259 689	3 139	21
广　东	GUANGDONG	541 177	516 120	19 123	5 816	118
广　西	GUANGXI	376 883	372 242	1 915	2 678	48
海　南	HAINAN	17 350	16 895	19	429	8
重　庆	CHONGQING	167 822	149 078	17 266	1 415	62
四　川	SICHUAN	409 506	384 844	21 226	3 392	45
贵　州	GUIZHOU	392 839	383 494	7 400	1 893	52
云　南	YUNNAN	477 711	398 057	76 407	3 148	99
西　藏	TIBET	49 213	47 620	1 144	449	1
陕　西	SHAANXI	417 237	363 972	50 543	2 651	71
甘　肃	GANSU	512 547	452 965	57 450	2 131	1
青　海	QINGHAI	114 385	98 667	15 195	496	27
宁　夏	NINGXIA	233 109	225 363	6 831	899	16
新　疆	XINJIANG	565 581	460 230	103 257	2 086	8

各地区工业废水排放及处理情况（一）

Discharge and Treatment of Industrial Waste Water by Region（1）

（2017）

单位：吨 （ton）

年份/地区	Year/Region	工业废水中污染物排放量 Amount of Pollutants Discharged in the Industrial Waste Water			
		化学需氧量 COD	氨氮 Ammonia Nitrogen	总氮 Total Nitrogen	总磷 Total Phosphorus
	2016	**1 228 258**	**64 502**	**184 097**	**16 901**
	2017	**909 631**	**44 500**	**155 673**	**7 878**
北　京	BEIJING	1 484	44	744	22
天　津	TIANJIN	3 325	168	769	50
河　北	HEBEI	21 184	1 440	4 779	224
山　西	SHANXI	13 366	719	1 991	64
内蒙古	INNER MONGOLIA	25 020	1 669	5 202	210
辽　宁	LIAONING	42 290	1 542	7 136	427
吉　林	JILIN	19 283	1 055	2 751	276
黑龙江	HEILONGJIANG	22 250	1 073	2 941	163
上　海	SHANGHAI	8 288	592	2 966	93
江　苏	JIANGSU	132 351	8 038	22 588	1 013
浙　江	ZHEJIANG	58 287	1 749	13 635	316
安　徽	ANHUI	28 927	1 220	4 868	294
福　建	FUJIAN	27 625	1 146	4 235	327
江　西	JIANGXI	65 972	3 562	8 062	408
山　东	SHANDONG	56 718	2 771	13 648	702
河　南	HENAN	23 880	1 079	5 484	184
湖　北	HUBEI	21 297	1 178	5 450	272
湖　南	HUNAN	53 308	3 163	6 723	335
广　东	GUANGDONG	75 859	2 848	13 093	663
广　西	GUANGXI	27 636	1 182	4 728	366
海　南	HAINAN	6 082	313	1 133	39
重　庆	CHONGQING	18 305	766	2 358	194
四　川	SICHUAN	42 191	1 701	6 564	487
贵　州	GUIZHOU	7 546	399	762	102
云　南	YUNNAN	18 199	680	2 013	211
西　藏	TIBET	1 180	21	65	8
陕　西	SHAANXI	18 683	745	2 060	82
甘　肃	GANSU	24 353	512	1 505	68
青　海	QINGHAI	2 819	262	266	7
宁　夏	NINGXIA	15 256	909	3 251	105
新　疆	XINJIANG	26 667	1 954	3 903	167

各地区工业废水排放及处理情况（二）
Discharge and Treatment of Industrial Waste Water by Region（2）
（2017）

单位：千克 （kg）

年份/地区	Year/Region	工业废水中污染物排放量 Amount of Pollutants Discharged in the Industrial Waste Water			
		石油类 Petroleum	挥发酚 Volatile Phenol	氰化物 Cyanide	重金属 Heavy Metal
	2016	**11 599 426**	**272 124**	**57 937**	**162 646**
	2017	**7 639 284**	**244 103**	**54 044**	**176 384**
北　京	BEIJING	8 268	46	21	85
天　津	TIANJIN	176 646	7 089	483	578
河　北	HEBEI	255 779	25 205	6 313	19 655
山　西	SHANXI	106 212	24 127	3 345	2 561
内蒙古	INNER MONGOLIA	41 639	2 142	417	2 177
辽　宁	LIAONING	423 124	17 715	3 700	2 482
吉　林	JILIN	542 873	3 610	1 028	313
黑龙江	HEILONGJIANG	218 935	5 368	963	1 835
上　海	SHANGHAI	135 461	716	1 554	1 001
江　苏	JIANGSU	1 098 369	31 509	5 326	13 508
浙　江	ZHEJIANG	470 015	2 911	3 089	10 326
安　徽	ANHUI	388 836	15 119	3 597	4 177
福　建	FUJIAN	332 125	263	1 474	5 189
江　西	JIANGXI	252 348	12 665	2 020	23 980
山　东	SHANDONG	486 431	34 678	3 544	4 399
河　南	HENAN	154 013	2 728	1 495	4 049
湖　北	HUBEI	235 446	8 599	3 831	9 284
湖　南	HUNAN	270 286	33 460	3 096	9 082
广　东	GUANGDONG	890 077	1 311	1 665	12 637
广　西	GUANGXI	114 948	631	1 709	7 516
海　南	HAINAN	11 326	1 760	3	23
重　庆	CHONGQING	256 182	1 069	120	709
四　川	SICHUAN	336 066	2 147	505	14 361
贵　州	GUIZHOU	28 608	1 136	334	1 267
云　南	YUNNAN	54 262	318	15	5 185
西　藏	TIBET	203	0	0	0
陕　西	SHAANXI	145 338	1 894	1 241	9 363
甘　肃	GANSU	56 219	1 613	237	7 796
青　海	QINGHAI	8 518	858	141	338
宁　夏	NINGXIA	46 904	1 253	510	1 381
新　疆	XINJIANG	93 829	2 162	2 268	1 128

各地区工业废气排放及处理情况
Discharge and Treatment of Industrial Waste Gas by Region
（2017）

单位：吨 （ton）

年份/地区	Year/Region	工业废气中污染物排放量 Volume of Pollutants Emission in the Industrial Waste Gas		
		二氧化硫 Sulphur Dioxide	氮氧化物 Nitrogen Oxide	颗粒物 Particulate Matter
	2016	**7 704 689**	**8 091 004**	**13 761 577**
	2017	**5 298 770**	**6 464 927**	**10 669 966**
北　京	BEIJING	1 770	9 847	13 007
天　津	TIANJIN	21 793	41 586	25 925
河　北	HEBEI	351 423	612 608	370 516
山　西	SHANXI	296 020	394 535	586 861
内蒙古	INNER MONGOLIA	322 239	363 062	883 005
辽　宁	LIAONING	320 693	412 874	744 165
吉　林	JILIN	103 156	112 009	266 695
黑龙江	HEILONGJIANG	132 421	147 309	416 662
上　海	SHANGHAI	13 524	43 595	17 889
江　苏	JIANGSU	369 622	484 079	571 144
浙　江	ZHEJIANG	105 135	178 972	302 275
安　徽	ANHUI	182 149	265 165	544 389
福　建	FUJIAN	113 320	159 625	356 602
江　西	JIANGXI	299 639	213 164	522 520
山　东	SHANDONG	362 859	521 467	348 025
河　南	HENAN	130 650	214 378	218 293
湖　北	HUBEI	109 009	158 290	274 935
湖　南	HUNAN	174 714	200 798	337 509
广　东	GUANGDONG	179 442	329 759	516 120
广　西	GUANGXI	104 066	193 868	372 242
海　南	HAINAN	9 654	27 987	16 895
重　庆	CHONGQING	104 932	84 841	149 078
四　川	SICHUAN	211 230	247 493	384 844
贵　州	GUIZHOU	296 704	166 425	383 494
云　南	YUNNAN	225 082	166 729	398 057
西　藏	TIBET	1 850	5 548	47 620
陕　西	SHAANXI	166 795	174 781	363 972
甘　肃	GANSU	101 872	105 189	452 965
青　海	QINGHAI	46 110	50 754	98 667
宁　夏	NINGXIA	144 206	119 599	225 363
新　疆	XINJIANG	296 690	258 589	460 230

各地区一般工业固体废物产生及利用处置情况
Generation and Utilization of Industrial Solid Wastes by Region
（2017）

单位：万吨　　　　　　（10 000 tons）

年份/地区	Year/Region	一般工业固体废物产生量 Industrial Solid Wastes Generated	一般工业固体废物综合利用量 Industrial Solid Wastes Utilized	一般工业固体废物处置量 Industrial Solid Wastes Disposed
	2016	**371 237**	**210 995**	**85 232**
	2017	**386 707**	**206 117**	**94 314**
北　京	BEIJING	702	499	197
天　津	TIANJIN	1 602	1 553	46
河　北	HEBEI	33 981	17 690	4 665
山　西	SHANXI	43 475	16 276	21 501
内蒙古	INNER MONGOLIA	34 841	9 357	14 654
辽　宁	LIAONING	23 262	10 531	6 033
吉　林	JILIN	6 222	2 691	1 594
黑龙江	HEILONGJIANG	8 754	3 883	1 806
上　海	SHANGHAI	1 789	1 681	108
江　苏	JIANGSU	13 610	12 314	1 189
浙　江	ZHEJIANG	5 652	5 034	535
安　徽	ANHUI	14 068	12 581	727
福　建	FUJIAN	7 132	5 075	1 605
江　西	JIANGXI	12 405	5 674	1 275
山　东	SHANDONG	28 484	23 152	1 650
河　南	HENAN	17 579	10 204	4 961
湖　北	HUBEI	10 744	7 336	1 495
湖　南	HUNAN	6 016	4 460	1 054
广　东	GUANGDONG	8 214	6 734	704
广　西	GUANGXI	9 284	4 765	1 755
海　南	HAINAN	474	241	227
重　庆	CHONGQING	2 496	1 841	414
四　川	SICHUAN	15 221	5 422	1 601
贵　州	GUIZHOU	10 671	5 276	2 342
云　南	YUNNAN	17 115	7 040	8 867
西　藏	TIBET	760	16	51
陕　西	SHAANXI	12 894	4 861	6 113
甘　肃	GANSU	6 094	2 583	1 475
青　海	QINGHAI	16 082	9 537	170
宁　夏	NINGXIA	5 291	1 970	2 701
新　疆	XINJIANG	11 794	5 841	2 798

各地区工业危险废物产生及利用处置情况
Generation and Utilization of Hazardous Wastes by Region
（2017）

单位：吨 （ton）

年份/地区	Year/Region	危险废物产生量 Hazardous Wastes Generated	危险废物利用处置量 Hazardous Wastes Utilized and Disposed
	2016	**52 195 017**	**43 172 073**
	2017	**65 812 889**	**59 726 782**
北　京	BEIJING	185 481	183 441
天　津	TIANJIN	414 883	432 770
河　北	HEBEI	1 967 620	1 877 841
山　西	SHANXI	1 657 320	1 611 127
内蒙古	INNER MONGOLIA	3 293 569	3 327 603
辽　宁	LIAONING	2 251 856	1 962 682
吉　林	JILIN	2 422 441	1 353 394
黑龙江	HEILONGJIANG	683 575	689 406
上　海	SHANGHAI	1 124 073	1 110 555
江　苏	JIANGSU	5 309 118	5 013 061
浙　江	ZHEJIANG	3 913 254	3 720 796
安　徽	ANHUI	1 402 716	1 404 819
福　建	FUJIAN	1 015 236	1 052 835
江　西	JIANGXI	1 465 137	1 355 488
山　东	SHANDONG	8 540 106	7 259 713
河　南	HENAN	1 846 083	1 899 921
湖　北	HUBEI	1 074 028	1 075 390
湖　南	HUNAN	6 305 229	6 328 876
广　东	GUANGDONG	3 430 878	3 256 929
广　西	GUANGXI	2 484 255	2 431 113
海　南	HAINAN	41 923	41 462
重　庆	CHONGQING	680 020	674 936
四　川	SICHUAN	3 077 286	2 969 049
贵　州	GUIZHOU	496 149	499 829
云　南	YUNNAN	3 309 729	2 765 736
西　藏	TIBET	1 456	912
陕　西	SHAANXI	1 266 726	1 187 219
甘　肃	GANSU	1 373 231	1 179 965
青　海	QINGHAI	1 183 749	280 615
宁　夏	NINGXIA	824 709	792 066
新　疆	XINJIANG	2 771 054	1 987 232

各地区大型畜禽养殖场污染排放情况
Discharge of Large Sized Livestock Farms Pollution by Region
（2017）

单位：吨 （ton）

年份/地区	Year/Region	污染物排放总量 Total Amount of Pollutants Discharge			
		化学需氧量 COD	氨氮 Ammonia Nitrogen	总氮 Total Nitrogen	总磷 Total Phosphorus
	2016	**571 052**	**12 537**	**40 909**	**6 273**
	2017	**317 661**	**6 576**	**22 859**	**3 096**
北　京	BEIJING	8 799	76	497	99
天　津	TIANJIN	11 842	147	680	145
河　北	HEBEI	29 583	439	1 973	283
山　西	SHANXI	9 071	95	452	106
内蒙古	INNER MONGOLIA	3 356	15	184	24
辽　宁	LIAONING	766	10	42	11
吉　林	JILIN	532	42	95	7
黑龙江	HEILONGJIANG	10 511	40	572	77
上　海	SHANGHAI	1 765	118	225	23
江　苏	JIANGSU	18 747	696	1 586	213
浙　江	ZHEJIANG	5 168	418	829	52
安　徽	ANHUI	6 152	160	495	45
福　建	FUJIAN	11 277	486	1 130	168
江　西	JIANGXI	18 813	1 044	2 165	286
山　东	SHANDONG	29 911	240	1 376	299
河　南	HENAN	6 773	157	502	75
湖　北	HUBEI	6 257	303	756	89
湖　南	HUNAN	7 844	281	695	113
广　东	GUANGDONG	23 105	570	1 806	296
广　西	GUANGXI	7 256	157	535	93
海　南	HAINAN	7	1	4	0
重　庆	CHONGQING	116	3	11	1
四　川	SICHUAN	6 011	191	504	65
贵　州	GUIZHOU	1 723	39	120	20
云　南	YUNNAN	1 766	22	106	22
西　藏	TIBET	0	0	0	0
陕　西	SHAANXI	4 376	67	282	52
甘　肃	GANSU	2 700	6	140	3
青　海	QINGHAI	15	1	2	0
宁　夏	NINGXIA	46 076	223	2 649	179
新　疆	XINJIANG	37 343	528	2 445	251

各地区生活污染排放及处理情况（一）
Discharge and Treatment of Household Pollution by Region（1）
（2017）

单位：吨 （ton）

年份/地区 Year/Region	生活源化学需氧量排放量 Amount of Household COD Discharged	生活源氨氮排放量 Amount of Household Ammonia Nitrogen Discharged	生活源总氮排放量 Amount of Household Total Nitrogen Discharged	生活源总磷排放量 Amount of Household Total Phosphorus Discharged
2016	**4 735 477**	**484 089**	**1 002 386**	**66 710**
2017	**4 838 155**	**454 119**	**1 018 729**	**58 492**
北 京 BEIJING	29 464	883	17 243	279
天 津 TIANJIN	29 009	1 510	11 761	282
河 北 HEBEI	224 676	23 089	48 407	2 592
山 西 SHANXI	89 193	10 956	24 126	1 371
内蒙古 INNER MONGOLIA	45 453	3 229	11 086	622
辽 宁 LIAONING	118 479	13 173	36 821	2 250
吉 林 JILIN	58 982	5 161	12 871	768
黑龙江 HEILONGJIANG	132 481	14 607	26 871	1 488
上 海 SHANGHAI	53 275	8 451	26 850	930
江 苏 JIANGSU	378 744	30 341	71 354	4 145
浙 江 ZHEJIANG	168 010	13 776	45 560	1 863
安 徽 ANHUI	288 048	18 158	39 532	2 924
福 建 FUJIAN	219 814	15 879	34 605	2 354
江 西 JIANGXI	231 944	20 829	34 071	2 810
山 东 SHANDONG	229 937	22 509	64 121	2 476
河 南 HENAN	257 387	24 199	59 475	2 881
湖 北 HUBEI	283 132	25 003	46 079	3 171
湖 南 HUNAN	247 472	26 280	43 830	4 103
广 东 GUANGDONG	575 002	47 655	117 076	6 488
广 西 GUANGXI	291 349	21 488	37 544	3 201
海 南 HAINAN	45 420	5 185	9 251	659
重 庆 CHONGQING	36 720	4 424	16 484	784
四 川 SICHUAN	276 234	30 424	57 405	3 209
贵 州 GUIZHOU	111 736	13 345	22 030	1 552
云 南 YUNNAN	90 241	11 580	21 789	1 263
西 藏 TIBET	17 323	2 222	2 697	242
陕 西 SHAANXI	89 311	9 608	24 209	1 035
甘 肃 GANSU	44 644	5 314	11 755	623
青 海 QINGHAI	17 313	2 470	6 183	214
宁 夏 NINGXIA	25 564	3 339	6 779	289
新 疆 XINJIANG	131 796	19 033	30 863	1 625

各地区生活污染排放及处理情况（二）
Discharge and Treatment of Household Pollution by Region（2）
（2017）

单位：吨 （ton）

年份/地区	Year/Region	生活源二氧化硫排放量 Amount of Household Sulphur Dioxide Emission	生活源氮氧化物排放量 Amount of Household Nitrogen Oxide Emission	生活源颗粒物排放量 Amount of Household Soot Emission
	2016	**840 128**	**615 725**	**2 192 114**
	2017	**805 186**	**591 756**	**2 061 452**
北　京	BEIJING	4 770	11 432	20 287
天　津	TIANJIN	3 318	6 077	16 411
河　北	HEBEI	80 702	56 968	193 246
山　西	SHANXI	45 087	32 155	125 922
内蒙古	INNER MONGOLIA	55 856	46 589	172 970
辽　宁	LIAONING	28 274	30 650	81 189
吉　林	JILIN	19 530	19 795	81 213
黑龙江	HEILONGJIANG	51 303	69 950	299 481
上　海	SHANGHAI	234	3 179	792
江　苏	JIANGSU	13 141	12 757	55 150
浙　江	ZHEJIANG	5 537	5 322	8 566
安　徽	ANHUI	13 074	12 479	39 961
福　建	FUJIAN	6 141	3 602	11 661
江　西	JIANGXI	17 438	9 202	31 500
山　东	SHANDONG	53 331	34 010	122 877
河　南	HENAN	9 145	11 454	25 585
湖　北	HUBEI	64 610	34 316	137 178
湖　南	HUNAN	101 086	61 051	259 689
广　东	GUANGDONG	7 609	7 552	19 123
广　西	GUANGXI	1 040	740	1 915
海　南	HAINAN	0	205	19
重　庆	CHONGQING	17 368	8 378	17 266
四　川	SICHUAN	11 892	13 167	21 226
贵　州	GUIZHOU	62 070	16 604	7 400
云　南	YUNNAN	34 874	17 730	76 407
西　藏	TIBET	1 176	359	1 144
陕　西	SHAANXI	18 873	15 159	50 543
甘　肃	GANSU	29 435	15 188	57 450
青　海	QINGHAI	4 184	5 137	15 195
宁　夏	NINGXIA	3 869	2 739	6 831
新　疆	XINJIANG	40 218	27 813	103 257

各地区生活垃圾处理场（厂）污染排放情况（一）
Discharge of Garbage Treatment Plants Pollution by Region（1）
（2017）

单位：吨 （ton）

年份/地区	Year/Region	渗滤液中污染物排放量 Amount of Pollutants Discharged in the Landfill Leachate	
		化学需氧量 COD	氨氮 Ammonia Nitrogen
	2016	**45 786**	**6 545**
	2017	**22 830**	**3 440**
北 京	BEIJING	159	22
天 津	TIANJIN	62	9
河 北	HEBEI	616	75
山 西	SHANXI	2 977	626
内蒙古	INNER MONGOLIA	246	34
辽 宁	LIAONING	1 418	170
吉 林	JILIN	124	24
黑龙江	HEILONGJIANG	247	50
上 海	SHANGHAI	1 657	254
江 苏	JIANGSU	357	35
浙 江	ZHEJIANG	1 337	61
安 徽	ANHUI	779	22
福 建	FUJIAN	1 933	99
江 西	JIANGXI	2 747	653
山 东	SHANDONG	296	34
河 南	HENAN	505	37
湖 北	HUBEI	448	88
湖 南	HUNAN	315	39
广 东	GUANGDONG	763	74
广 西	GUANGXI	181	35
海 南	HAINAN	30	2
重 庆	CHONGQING	569	66
四 川	SICHUAN	1 197	219
贵 州	GUIZHOU	198	41
云 南	YUNNAN	2 156	381
西 藏	TIBET	171	36
陕 西	SHAANXI	491	103
甘 肃	GANSU	550	107
青 海	QINGHAI	86	13
宁 夏	NINGXIA	42	6
新 疆	XINJIANG	169	24

各地区生活垃圾处理场（厂）污染排放情况（二）

Discharge of Garbage Treatment Plants Pollution by Region（2）

（2017）

单位：吨 （ton）

年份/地区 Year/Region	废气中污染物排放量 Amount of Pollutants Discharged in the Waste Gas		
	二氧化硫 Sulphur Dioxide	氮氧化物 Nitrogen Oxide	颗粒物 Particulate Matter
2016	**1 120**	**2 613**	**1 179**
2017	**1 513**	**6 789**	**2 256**
北 京 BEIJING	0	0	0
天 津 TIANJIN	13	77	1
河 北 HEBEI	100	583	91
山 西 SHANXI	72	108	1 370
内蒙古 INNER MONGOLIA	22	113	13
辽 宁 LIAONING	0	0	0
吉 林 JILIN	0	0	0
黑龙江 HEILONGJIANG	12	17	35
上 海 SHANGHAI	0	0	0
江 苏 JIANGSU	139	1 871	79
浙 江 ZHEJIANG	607	1 942	154
安 徽 ANHUI	115	174	9
福 建 FUJIAN	31	269	20
江 西 JIANGXI	12	11	234
山 东 SHANDONG	61	89	5
河 南 HENAN	1	2	2
湖 北 HUBEI	2	5	48
湖 南 HUNAN	54	255	17
广 东 GUANGDONG	45	91	16
广 西 GUANGXI	2	10	2
海 南 HAINAN	0	1	0
重 庆 CHONGQING	0	0	0
四 川 SICHUAN	3	60	9
贵 州 GUIZHOU	129	1 019	52
云 南 YUNNAN	91	89	66
西 藏 TIBET	0	0	0
陕 西 SHAANXI	2	3	33
甘 肃 GANSU	0	0	0
青 海 QINGHAI	0	1	0
宁 夏 NINGXIA	0	0	0
新 疆 XINJIANG	0	0	0

各地区危险废物（医疗废物）集中处理厂污染排放情况（一）

Discharge of Hazardous Wastes（Medical Wastes）Treatment Plants Pollution by Region（1）

（2017）

单位：吨 （ton）

年份/地区	Year/Region	渗滤液中污染物排放量 Amount of Pollutants Discharged in the Landfill Leachate	
		化学需氧量 COD	氨氮 Ammonia Nitrogen
	2016	**415**	**33**
	2017	**563**	**24**
北　京	BEIJING	1	0
天　津	TIANJIN	39	1
河　北	HEBEI	29	5
山　西	SHANXI	0	0
内蒙古	INNER MONGOLIA	0	0
辽　宁	LIAONING	7	0
吉　林	JILIN	1	0
黑龙江	HEILONGJIANG	1	0
上　海	SHANGHAI	196	5
江　苏	JIANGSU	143	5
浙　江	ZHEJIANG	36	2
安　徽	ANHUI	4	0
福　建	FUJIAN	3	0
江　西	JIANGXI	1	0
山　东	SHANDONG	29	1
河　南	HENAN	1	0
湖　北	HUBEI	9	0
湖　南	HUNAN	2	0
广　东	GUANGDONG	37	1
广　西	GUANGXI	3	0
海　南	HAINAN	0	0
重　庆	CHONGQING	7	1
四　川	SICHUAN	4	0
贵　州	GUIZHOU	1	0
云　南	YUNNAN	0	0
西　藏	TIBET	0	0
陕　西	SHAANXI	10	0
甘　肃	GANSU	0	0
青　海	QINGHAI	0	0
宁　夏	NINGXIA	0	0
新　疆	XINJIANG	0	0

各地区危险废物（医疗废物）集中处理厂污染排放情况（二）

Discharge of Hazardous Wastes（Medical Wastes）Treatment Plants Pollution by Region（2）

（2017）

单位：吨 （ton）

年份/地区	Year/Region	废气中污染物排放量 Amount of Pollutants Discharged in the Waste Gas		
		二氧化硫 Sulphur Dioxide	氮氧化物 Nitrogen Oxide	颗粒物 Particulate Matter
	2016	**2 998**	**7 743**	**2 483**
	2017	**2 907**	**8 342**	**1 506**
北　京	BEIJING	0	32	1
天　津	TIANJIN	22	83	8
河　北	HEBEI	868	2 233	376
山　西	SHANXI	10	45	12
内蒙古	INNER MONGOLIA	2	4	1
辽　宁	LIAONING	21	42	11
吉　林	JILIN	10	25	3
黑龙江	HEILONGJIANG	8	97	21
上　海	SHANGHAI	13	258	8
江　苏	JIANGSU	261	1 350	222
浙　江	ZHEJIANG	528	641	124
安　徽	ANHUI	55	220	43
福　建	FUJIAN	48	207	37
江　西	JIANGXI	151	339	185
山　东	SHANDONG	77	282	42
河　南	HENAN	14	46	9
湖　北	HUBEI	50	171	23
湖　南	HUNAN	11	74	4
广　东	GUANGDONG	188	545	101
广　西	GUANGXI	91	629	46
海　南	HAINAN	5	35	8
重　庆	CHONGQING	108	189	62
四　川	SICHUAN	96	200	36
贵　州	GUIZHOU	0	0	0
云　南	YUNNAN	59	80	33
西　藏	TIBET	2	0	1
陕　西	SHAANXI	138	358	38
甘　肃	GANSU	0	2	1
青　海	QINGHAI	36	56	27
宁　夏	NINGXIA	12	44	16
新　疆	XINJIANG	23	54	8

各地区机动车污染排放情况
Discharge of Motor Vehicle Pollution by Region
（2017）

单位：吨　　　　　　（ton）

年份/地区	Year/Region	机动车污染物排放总量 Total Amount of Discharge of Motor Vehicle Pollution	
		总颗粒物 Total Particulate	氮氧化物 Nitrogen Oxide
	2016	**122 757**	**6 315 965**
	2017	**114 314**	**6 412 177**
北　京	BEIJING	1 191	102 684
天　津	TIANJIN	959	72 601
河　北	HEBEI	13 784	555 541
山　西	SHANXI	2 792	225 629
内蒙古	INNER MONGOLIA	4 895	166 713
辽　宁	LIAONING	7 547	299 265
吉　林	JILIN	1 768	130 436
黑龙江	HEILONGJIANG	3 284	184 957
上　海	SHANGHAI	1 260	122 542
江　苏	JIANGSU	5 406	431 697
浙　江	ZHEJIANG	3 394	233 525
安　徽	ANHUI	4 405	305 659
福　建	FUJIAN	1 921	126 484
江　西	JIANGXI	2 974	193 110
山　东	SHANDONG	12 401	639 317
河　南	HENAN	12 911	468 060
湖　北	HUBEI	2 801	197 822
湖　南	HUNAN	3 139	171 567
广　东	GUANGDONG	5 816	427 013
广　西	GUANGXI	2 678	176 994
海　南	HAINAN	429	27 059
重　庆	CHONGQING	1 415	103 209
四　川	SICHUAN	3 392	252 630
贵　州	GUIZHOU	1 893	102 080
云　南	YUNNAN	3 148	163 528
西　藏	TIBET	449	28 188
陕　西	SHAANXI	2 651	164 625
甘　肃	GANSU	2 131	105 583
青　海	QINGHAI	496	31 764
宁　夏	NINGXIA	899	58 110
新　疆	XINJIANG	2 086	143 786

各地区工业污染治理情况（一）

Discharge and Treatment of Industrial Waste Water by Region（1）

（2017）

年份/ 地区	Year/ Region	废水治理设施数量/台（套） Number of Facilities for Treatment of Waste Water （set）	废水治理设施治理能力/（万吨/日） Capacity of Facilities for Treatment of Waste Water （10 000 tons/day）	废水治理设施运行费用/万元 Annual Expenditure for Operation （10 000 yuan）
	2016	**63 477**	**20 010.4**	**6 270 479.3**
	2017	**62 125**	**18 330.6**	**6 498 905.9**
北　京	BEIJING	455	44.5	43 686.6
天　津	TIANJIN	807	89.2	74 096.7
河　北	HEBEI	2 852	1 336.1	301 610.2
山　西	SHANXI	1 302	461.8	122 328.9
内蒙古	INNER MONGOLIA	817	359.4	132 545.7
辽　宁	LIAONING	1 546	1 238.7	208 717.6
吉　林	JILIN	450	178.1	55 532.7
黑龙江	HEILONGJIANG	762	562.3	196 511.2
上　海	SHANGHAI	1 493	221.8	173 243.4
江　苏	JIANGSU	6 918	2 665.8	997 593.1
浙　江	ZHEJIANG	6 817	1 042.4	739 873.4
安　徽	ANHUI	2 283	729.3	237 993.8
福　建	FUJIAN	2 594	596.5	179 758.4
江　西	JIANGXI	2 859	661.7	192 036.6
山　东	SHANDONG	4 578	1 397.1	623 462.5
河　南	HENAN	2 322	701.3	194 434.3
湖　北	HUBEI	1 947	595.2	233 753.7
湖　南	HUNAN	1 833	1 244.7	130 126.2
广　东	GUANGDONG	8 345	892.4	612 030.0
广　西	GUANGXI	1 154	1 081.5	141 654.1
海　南	HAINAN	269	30.1	28 161.6
重　庆	CHONGQING	1 507	172.3	82 755.0
四　川	SICHUAN	3 267	538.5	296 810.7
贵　州	GUIZHOU	828	326.1	47 106.4
云　南	YUNNAN	1 230	325.7	68 370.6
西　藏	TIBET	42	1.8	595.8
陕　西	SHAANXI	1 179	243.2	118 402.4
甘　肃	GANSU	503	200.0	45 265.5
青　海	QINGHAI	140	23.8	19 379.3
宁　夏	NINGXIA	195	92.5	62 349.8
新　疆	XINJIANG	831	276.7	138 719.8

各地区工业污染治理情况（二）

Discharge and Treatment of Industrial Waste Gas by Region（2）

（2017）

年份/地区	Year/Region	废气治理设施数量/台（套）Facilities for Treatment of Waste Gas	脱硫设施 Desulfurization Facilities	脱硝设施 Denitrification Facilities	除尘设施 Dedusting Facilities	VOCs 治理设施 VOCs Treatment Facilities	废气治理设施运行费用/万元 Annul Expenditure for Operation (10 000 yuan)
	2016	**158 682**	**30 700**	**10 124**	**101 427**	**16 431**	**23 886 925.2**
	2017	**229 618**	**43 070**	**18 859**	**125 630**	**42 059**	**19 679 047.9**
北　京	BEIJING	1 916	138	150	1 060	568	69 039.9
天　津	TIANJIN	2 591	299	216	1 193	883	301 280.9
河　北	HEBEI	21 632	3 042	1 272	11 702	5 616	1 843 366.8
山　西	SHANXI	14 461	3 921	953	9 117	470	942 443.1
内蒙古	INNER MONGOLIA	7 202	1 749	615	4 737	101	775 999.9
辽　宁	LIAONING	10 882	2 567	535	7 265	515	823 956.5
吉　林	JILIN	3 034	839	258	1 786	151	211 712.4
黑龙江	HEILONGJIANG	4 025	841	464	2 650	70	197 743.1
上　海	SHANGHAI	5 195	166	189	2 292	2 548	524 419.4
江　苏	JIANGSU	19 806	2 555	1 776	8 862	6 613	2 006 855.3
浙　江	ZHEJIANG	13 609	2 069	969	5 731	4 840	1 332 367.5
安　徽	ANHUI	8 876	1 491	594	5 364	1 427	802 714.5
福　建	FUJIAN	7 158	1 343	390	4 229	1 196	429 631.0
江　西	JIANGXI	6 348	1 515	506	3 828	499	458 498.0
山　东	SHANDONG	22 947	4 586	3 497	11 152	3 712	2 388 646.4
河　南	HENAN	11 126	2 319	1 077	6 043	1 687	976 777.0
湖　北	HUBEI	5 228	920	451	3 180	677	542 517.5
湖　南	HUNAN	4 353	1 149	264	2 603	337	346 712.5
广　东	GUANGDONG	21 016	2 851	1 385	9 488	7 292	1 383 956.9
广　西	GUANGXI	4 295	1 040	397	2 606	252	354 958.0
海　南	HAINAN	573	134	68	355	16	63 504.6
重　庆	CHONGQING	2 898	623	179	1 636	460	239 590.3
四　川	SICHUAN	8 230	1 494	451	4 825	1 460	513 232.3
贵　州	GUIZHOU	1 744	479	217	998	50	350 172.9
云　南	YUNNAN	4 085	878	246	2 914	47	315 093.6
西　藏	TIBET	45	13	9	23	0	6 365.3
陕　西	SHAANXI	4 675	1 213	630	2 462	370	457 926.9
甘　肃	GANSU	3 418	984	309	2 078	47	253 190.4
青　海	QINGHAI	935	87	81	763	4	95 965.2
宁　夏	NINGXIA	1 764	439	179	1 104	42	236 127.8
新　疆	XINJIANG	5 551	1 326	532	3 584	109	434 281.8

各地区工业污染防治投资情况（一）

Treatment Investment for Industrial Pollution by Region（1）

（2017）

单位：个 （unit）

年份/地区	Year/Region	汇总工业企业数量 Number of Industrial Enterprises Collected	本年施工项目总数 Numer of Projects under Construction	工业废水治理项目 Treatment of Waste Water	工业废气治理项目 Treatment of Waste Gas			工业固体废物治理项目 Treatment of Solid Wastes	噪声治理项目 Treatment of Noise Pollution	其他治理项目 Treatment of Other Pollution
						脱硫治理项目 Treatment of Desulfurization	脱硝治理项目 Treatment of Denitration			
	2016	**8 271**	**8 869**	**1 597**	**5 779**	**1 352**	**478**	**215**	**91**	**1 187**
	2017	**9 887**	**9 809**	**1 402**	**6 383**	**1 392**	**610**	**138**	**107**	**1 779**
北　京	BEIJING	89	107	8	85	2	15	0	0	14
天　津	TIANJIN	119	120	6	98	5	12	1	2	13
河　北	HEBEI	802	592	21	507	33	19	0	3	61
山　西	SHANXI	372	505	53	348	121	44	6	2	96
内蒙古	INNER MONGOLIA	198	241	19	181	56	21	2	0	39
辽　宁	LIAONING	178	163	23	93	40	8	5	6	36
吉　林	JILIN	91	108	14	81	29	10	2	3	8
黑龙江	HEILONGJIANG	78	98	10	78	25	19	0	0	10
上　海	SHANGHAI	358	426	63	300	3	3	1	3	59
江　苏	JIANGSU	847	756	163	447	34	27	5	8	133
浙　江	ZHEJIANG	906	845	174	436	38	27	5	12	218
安　徽	ANHUI	402	269	45	148	32	11	5	8	63
福　建	FUJIAN	400	299	52	172	49	18	33	1	41
江　西	JIANGXI	233	184	53	72	35	3	7	4	48
山　东	SHANDONG	1 051	1 317	104	987	165	203	4	6	216
河　南	HENAN	537	730	57	448	122	46	10	5	210
湖　北	HUBEI	302	233	52	141	15	10	2	2	36
湖　南	HUNAN	226	240	61	151	81	6	4	2	22
广　东	GUANGDONG	951	843	191	537	86	34	8	11	96
广　西	GUANGXI	128	102	25	61	29	3	1	0	15
海　南	HAINAN	25	18	3	11	3	0	1	1	2
重　庆	CHONGQING	116	116	8	78	40	1	2	5	23
四　川	SICHUAN	605	604	75	419	150	21	13	12	85
贵　州	GUIZHOU	134	123	27	60	17	4	6	1	29
云　南	YUNNAN	144	143	27	69	24	3	7	4	36
西　藏	TIBET	12	5	1	1	0	0	0	0	3
陕　西	SHAANXI	197	221	25	120	27	16	3	6	67
甘　肃	GANSU	128	100	11	56	36	3	1	0	32
青　海	QINGHAI	37	58	8	24	1	1	1	0	25
宁　夏	NINGXIA	69	80	12	49	24	11	0	0	19
新　疆	XINJIANG	153	163	11	125	70	11	3	0	24

各地区工业污染防治投资情况（二）
Treatment Investment for Industrial Pollution by Region（2）
（2017）

单位：个　　（unit）

年份/地区	Year/Region	本年竣工项目总数 Number of Projects Completed	工业废水治理项目 Treatment of Waste Water	工业废气治理项目 Treatment of Waste Gas	脱硫治理项目 Treatment of Desulfurization	脱硝治理项目 Treatment of Denitration	工业固体废物治理项目 Treatment of Solid Wastes	噪声治理项目 Treatment of Noise Pollution	其他治理项目 Treatment of Other Pollution
	2016	**7 175**	**1 198**	**4 730**	**1 087**	**384**	**167**	**85**	**995**
	2017	**7 889**	**1 020**	**5 235**	**1 105**	**511**	**112**	**91**	**1 431**
北　京	BEIJING	97	5	79	2	14	0	0	13
天　津	TIANJIN	100	5	85	5	12	0	1	9
河　北	HEBEI	501	13	442	25	17	0	2	44
山　西	SHANXI	406	40	277	97	31	5	1	83
内蒙古	INNER MONGOLIA	173	12	140	41	19	2	0	19
辽　宁	LIAONING	130	20	73	31	5	3	5	29
吉　林	JILIN	87	10	69	24	9	1	3	4
黑龙江	HEILONGJIANG	73	6	59	17	13	0	0	8
上　海	SHANGHAI	341	48	239	3	2	1	2	51
江　苏	JIANGSU	585	118	353	25	18	5	8	101
浙　江	ZHEJIANG	676	116	363	31	23	3	11	183
安　徽	ANHUI	208	33	117	25	8	1	6	51
福　建	FUJIAN	256	38	153	45	16	30	1	34
江　西	JIANGXI	150	45	57	23	3	7	4	37
山　东	SHANDONG	1 139	78	860	147	181	4	6	191
河　南	HENAN	631	43	400	101	44	8	5	175
湖　北	HUBEI	164	30	108	12	5	2	2	22
湖　南	HUNAN	206	51	132	70	6	3	0	20
广　东	GUANGDONG	651	143	419	73	31	7	8	74
广　西	GUANGXI	78	17	53	25	2	0	0	8
海　南	HAINAN	13	2	8	1	0	0	1	2
重　庆	CHONGQING	91	7	62	32	0	1	4	17
四　川	SICHUAN	491	61	332	119	17	10	11	77
贵　州	GUIZHOU	90	13	47	12	2	6	1	23
云　南	YUNNAN	100	18	47	15	1	7	4	24
西　藏	TIBET	4	1	1	0	0	0	0	2
陕　西	SHAANXI	181	21	99	23	14	3	5	53
甘　肃	GANSU	81	10	44	31	2	0	0	27
青　海	QINGHAI	31	2	14	0	0	0	0	15
宁　夏	NINGXIA	55	8	33	16	7	0	0	14
新　疆	XINJIANG	100	6	70	34	9	3	0	21

各地区工业污染防治投资情况（三）

Treatment Investment for Industrial Pollution by Region（3）

（2017）

单位：万元 （10 000 yuan）

年份/地区	Year/Region	施工项目本年完成投资 Investment Completed in the Treatment of Industrial Pollution This Year	工业废水治理项目 Treatment of Waste Water	工业废气治理项目 Treatment of Waste Gas	脱硫治理项目 Treatment of Desulfurization	脱硝治理项目 Treatment of Denitration	工业固体废物治理项目 Treatment of Solid Wastes	噪声治理项目 Treatment of Noise Pollution	其他治理项目 Treatment of Other Pollution
	2016	**8 190 040.5**	**1 082 394.9**	**5 614 702.3**	**1 750 554.8**	**550 494.2**	**389 352.9**	**6 236.0**	**1 097 354.3**
	2017	**6 815 345.5**	**763 760.1**	**4 462 627.9**	**1 595 536.9**	**486 222.0**	**127 419.4**	**12 862.4**	**1 448 675.7**
北　京	BEIJING	156 666.4	1 565.3	78 542.4	1 325.0	7 029.3	0.0	0.0	76 558.6
天　津	TIANJIN	78 305.0	2 145.0	59 535.9	1 954.6	6 992.0	4.0	11.5	16 608.6
河　北	HEBEI	342 738.1	17 679.7	262 269.8	65 239.0	23 502.6	0.0	19.0	62 769.7
山　西	SHANXI	515 240.9	18 862.1	430 967.3	218 296.5	72 790.0	1 233.7	1 227.6	62 950.2
内蒙古	INNER MONGOLIA	421 210.9	59 866.2	263 758.2	138 547.3	21 288.3	3 044.2	0.0	94 542.3
辽　宁	LIAONING	130 470.5	8 247.0	100 890.8	60 425.0	6 033.4	1 745.4	311.9	19 275.4
吉　林	JILIN	90 701.9	3 219.4	84 891.8	23 407.6	10 139.9	470.0	82.0	2 038.7
黑龙江	HEILONGJIANG	91 220.1	18 779.8	69 017.4	29 109.6	14 952.4	0.0	0.0	3 422.8
上　海	SHANGHAI	448 240.4	99 490.2	133 450.6	8 648.3	1 780.0	66 443.0	62.1	148 794.5
江　苏	JIANGSU	447 998.6	80 958.8	229 914.9	40 661.0	24 952.9	29 207.0	1 316.8	106 601.1
浙　江	ZHEJIANG	369 010.9	62 112.3	240 300.6	77 595.9	42 078.7	434.3	1 600.9	64 562.8
安　徽	ANHUI	258 955.1	19 816.5	197 684.4	34 309.8	13 450.6	4 182.5	1 828.3	35 443.5
福　建	FUJIAN	147 394.3	12 145.9	114 470.4	71 051.1	14 670.3	2 922.6	5.0	17 850.4
江　西	JIANGXI	106 395.1	25 986.7	72 928.3	55 266.5	2 910.0	280.2	240.4	6 959.5
山　东	SHANDONG	1 130 994.8	105 626.3	813 428.7	262 023.1	98 897.3	849.7	695.0	210 395.2
河　南	HENAN	504 559.3	8 631.6	280 371.1	81 053.0	24 719.7	539.7	561.0	214 456.0
湖　北	HUBEI	174 631.7	31 295.6	124 206.3	23 716.0	4 229.0	5 541.9	637.0	12 951.0
湖　南	HUNAN	86 089.8	14 035.5	66 139.0	37 184.6	5 788.0	212.0	610.0	5 093.3
广　东	GUANGDONG	420 272.4	45 205.2	260 675.0	112 357.8	14 584.6	313.8	480.5	113 597.8
广　西	GUANGXI	75 847.3	9 018.7	43 791.6	11 938.5	1 939.1	167.0	0.0	22 869.9
海　南	HAINAN	34 253.1	896.0	31 305.1	6 527.1	0.0	377.0	1 500.0	175.0
重　庆	CHONGQING	60 701.7	1 508.2	49 956.9	5 027.9	200.0	65.5	242.3	8 928.8
四　川	SICHUAN	126 934.0	21 085.0	87 975.3	36 992.1	19 288.3	4 840.3	554.7	12 478.7
贵　州	GUIZHOU	53 360.4	13 694.3	31 705.8	12 133.0	3 230.9	1 244.2	65.5	6 650.6
云　南	YUNNAN	59 617.2	5 583.9	33 681.8	19 947.7	745.1	1 775.3	548.1	18 028.1
西　藏	TIBET	694.0	280.0	40.0	0.0	0.0	0.0	0.0	374.0
陕　西	SHAANXI	172 273.8	21 936.2	110 400.4	36 719.9	24 233.1	1 321.5	262.9	38 352.8
甘　肃	GANSU	74 957.0	4 749.3	32 296.0	18 190.3	1 207.6	49.9	0.0	37 861.7
青　海	QINGHAI	15 284.8	3 793.4	5 836.6	916.8	275.0	31.5	0.0	5 623.3
宁　夏	NINGXIA	85 551.0	12 801.1	71 114.6	50 426.1	14 714.0	0.0	0.0	1 635.4
新　疆	XINJIANG	134 775.1	32 744.7	81 080.8	54 546.3	9 600.0	123.4	0.0	20 826.2

各地区工业污染防治投资情况（四）

Treatment Investment for Industrial Pollution by Region（4）

（2017）

年份/地区	Year/Region	本年竣工项目新增设计处理能力 Capacity for Treatment of Industrial Pollution New-added		
		治理废水/（万吨/日）Treatment of Waste Water（10 000 tons/day）	治理废气（标态）/（万米^3/时）Treatment of Waste Gas（10 000 cu.m/hour）	治理固体废物/（万吨/日）Treatment of Solid Wastes（10 000 tons/day）
	2016	**240.7**	**85 778.2**	**26.2**
	2017	**205.8**	**89 306.9**	**5.1**
北　京	BEIJING	0.8	1 100.1	0.0
天　津	TIANJIN	0.1	1 479.2	…
河　北	HEBEI	1.0	5 309.9	…
山　西	SHANXI	6.7	7 253.3	0.1
内蒙古	INNER MONGOLIA	14.0	6 796.0	0.2
辽　宁	LIAONING	4.4	2 005.2	0.1
吉　林	JILIN	0.4	1 734.9	…
黑龙江	HEILONGJIANG	2.2	2 349.3	0.0
上　海	SHANGHAI	16.5	2 109.9	1.1
江　苏	JIANGSU	17.8	4 355.6	0.3
浙　江	ZHEJIANG	17.0	5 272.2	0.1
安　徽	ANHUI	10.9	3 905.2	0.2
福　建	FUJIAN	7.4	4 123.0	0.4
江　西	JIANGXI	3.4	1 296.7	0.1
山　东	SHANDONG	15.5	15 696.3	0.2
河　南	HENAN	11.2	5 036.9	1.4
湖　北	HUBEI	5.5	2 372.5	0.1
湖　南	HUNAN	5.0	1 001.1	…
广　东	GUANGDONG	18.3	5 710.4	0.2
广　西	GUANGXI	6.7	1 074.1	…
海　南	HAINAN	0.3	117.6	…
重　庆	CHONGQING	0.2	455.9	…
四　川	SICHUAN	6.6	2 024.2	0.2
贵　州	GUIZHOU	8.3	1 020.7	0.1
云　南	YUNNAN	2.0	508.2	0.1
西　藏	TIBET	…	0.0	0.0
陕　西	SHAANXI	13.5	1 603.3	0.1
甘　肃	GANSU	1.4	608.9	0.1
青　海	QINGHAI	1.8	58.9	0.1
宁　夏	NINGXIA	5.3	1 597.8	0.0
新　疆	XINJIANG	1.7	1 329.6	…

各地区污水处理情况（一）
Urban Waste Water Treatment by Region（1）
（2017）

年份/地区	Year/ Region	污水处理厂数量/家 Number of Urban Waste Water Treatment Plants （unit）	污水处理厂设计处理能力/（万吨/日） Treatment Capacity (10 000 tons/day)	污水实际处理量/万吨 Quantity of Waste Water Treated (10 000 tons)	本年运行费用/万元 Annul Expenditure for Operation (10 000 yuan)	污水处理厂累计完成投资/万元 Total Investment of Urban Waste Water Treatment （10 000 yuan）	新增固定资产/万元 Newly-added Fixed Assets (10 000 yuan)
	2016	**7 103**	**20 780**	**5 858 211**	**5 399 205.2**	**54 914 072.6**	**3 774 755.2**
	2017	**7 536**	**22 011**	**6 271 983**	**6 444 629.1**	**61 193 859.1**	**3 710 390.2**
北　京	BEIJING	149	699	176 954	289 449.3	2 950 525.5	346 737.6
天　津	TIANJIN	72	317	116 914	94 900.9	1 042 096.4	34 807.9
河　北	HEBEI	312	1 084	274 576	338 492.5	3 197 535.6	99 936.5
山　西	SHANXI	232	423	105 701	134 032.4	1 335 711.8	95 926.2
内蒙古	INNER MONGOLIA	144	423	96 485	150 002.6	1 708 144.5	135 221.1
辽　宁	LIAONING	195	912	256 508	229 944.2	2 069 388.7	56 284.8
吉　林	JILIN	70	409	106 522	91 558.3	1 337 541.1	48 607.8
黑龙江	HEILONGJIANG	156	455	115 377	128 490.8	1 345 679.7	46 096.2
上　海	SHANGHAI	52	803	263 703	196 089.8	2 926 044.5	237 419.0
江　苏	JIANGSU	795	1 883	502 481	674 449.9	5 771 896.3	284 717.8
浙　江	ZHEJIANG	344	1 434	438 469	597 868.1	4 195 115.4	389 196.2
安　徽	ANHUI	229	785	228 895	158 086.9	1 804 817.9	117 717.0
福　建	FUJIAN	193	633	160 264	160 922.8	1 410 748.5	97 255.7
江　西	JIANGXI	221	446	127 962	103 553.2	969 115.2	48 321.4
山　东	SHANDONG	497	1 776	495 060	563 434.2	4 159 367.6	206 418.5
河　南	HENAN	304	1 308	379 134	314 689.4	3 455 152.1	76 033.0
湖　北	HUBEI	273	837	255 791	191 746.2	1 946 106.8	194 311.6
湖　南	HUNAN	185	770	231 131	177 844.5	2 024 523.8	331 622.3
广　东	GUANGDONG	568	2 677	815 973	686 220.8	5 971 433.5	217 703.2
广　西	GUANGXI	167	500	157 356	151 486.7	1 257 858.5	11 517.0
海　南	HAINAN	53	134	34 938	32 882.4	423 178.1	11 209.0
重　庆	CHONGQING	496	398	131 606	160 932.3	1 263 925.0	86 669.2
四　川	SICHUAN	914	868	251 460	275 589.2	2 257 120.7	154 310.5
贵　州	GUIZHOU	242	314	90 650	61 246.1	1 036 701.5	61 849.9
云　南	YUNNAN	144	355	116 966	83 516.1	1 045 331.8	4 839.3
西　藏	TIBET	9	29	6 460	9 760.7	126 305.8	273.5
陕　西	SHAANXI	183	544	156 402	159 395.4	1 555 479.4	110 768.7
甘　肃	GANSU	119	228	52 746	66 095.3	810 030.3	38 239.9
青　海	QINGHAI	40	57	16 873	18 115.9	214 108.1	27 544.3
宁　夏	NINGXIA	37	128	30 226	36 807.5	458 669.4	36 032.1
新　疆	XINJIANG	141	383	78 399	107 024.5	1 124 205.6	102 803.1

各地区污水处理情况（二）

Urban Waste Water Treatment by Region（2）

（2017）

单位：万吨 （10 000 tons）

年份/地区	Year/Region	污泥产生量 Quantity of Sludge Generated	污泥处置量 Quantity of Sludge Disposed					污泥倾倒丢弃量 Quantity of Sludge Discharged
				土地利用量 Landuse	填埋处置量 Landfill	建筑材料利用量 As Building Material	焚烧处置量 Incineration	
	2016	**1 789.22**	**1 785.16**	**337.94**	**697.32**	**267.31**	**482.59**	**4.07**
	2017	**1 507.36**	**1 505.86**	**357.60**	**473.14**	**259.73**	**415.39**	**1.49**
北　京	BEIJING	51.06	51.06	32.74	3.78	4.60	9.94	…
天　津	TIANJIN	24.93	24.93	14.40	1.06	3.78	5.69	0.00
河　北	HEBEI	83.66	83.66	20.86	50.99	2.68	9.13	0.00
山　西	SHANXI	32.72	32.63	14.01	12.16	…	6.46	0.09
内蒙古	INNER MONGOLIA	26.86	26.86	6.79	15.37	0.48	4.24	0.00
辽　宁	LIAONING	60.59	60.59	22.25	28.59	9.01	0.73	…
吉　林	JILIN	23.55	23.54	5.28	10.62	0.00	7.64	0.01
黑龙江	HEILONGJIANG	23.02	22.97	9.05	13.13	…	0.79	0.05
上　海	SHANGHAI	41.86	41.86	0.48	29.87	0.42	11.09	0.00
江　苏	JIANGSU	147.45	147.44	5.85	19.09	26.18	96.32	…
浙　江	ZHEJIANG	220.77	220.77	11.11	5.17	64.43	140.06	0.00
安　徽	ANHUI	34.69	34.69	5.93	15.55	2.99	10.21	0.00
福　建	FUJIAN	40.06	40.06	7.19	17.86	5.60	9.41	0.00
江　西	JIANGXI	15.69	15.69	0.91	11.04	2.85	0.89	…
山　东	SHANDONG	128.02	128.02	41.41	18.42	20.86	47.34	0.00
河　南	HENAN	62.46	62.46	23.89	25.53	6.34	6.69	0.00
湖　北	HUBEI	36.97	36.96	8.03	9.07	12.47	7.39	0.01
湖　南	HUNAN	37.92	37.92	0.35	26.40	6.14	5.03	…
广　东	GUANGDONG	174.86	173.76	62.10	27.08	65.82	18.75	1.10
广　西	GUANGXI	30.66	30.66	19.26	5.54	1.51	4.34	0.00
海　南	HAINAN	6.50	6.50	5.20	0.42	0.20	0.69	…
重　庆	CHONGQING	33.42	33.42	4.05	15.08	9.88	4.40	0.00
四　川	SICHUAN	34.63	34.63	14.55	13.15	2.26	4.66	…
贵　州	GUIZHOU	10.91	10.90	0.89	8.52	0.15	1.34	…
云　南	YUNNAN	16.15	16.06	2.57	13.42	0.00	0.07	0.09
西　藏	TIBET	0.61	0.61	0.31	0.30	0.00	0.00	0.00
陕　西	SHAANXI	42.91	42.88	6.21	25.18	11.06	0.44	0.03
甘　肃	GANSU	24.76	24.76	1.02	23.74	0.00	…	…
青　海	QINGHAI	2.56	2.56	0.00	2.56	0.00	0.00	0.00
宁　夏	NINGXIA	7.67	7.67	1.91	4.74	0.00	1.02	0.00
新　疆	XINJIANG	29.43	29.34	8.98	19.73	0.00	0.63	0.10

各地区污水处理情况（三）

Urban Waste Water Treatment by Region（3）

（2017）

单位：吨　　　　（ton）

年份/地区	Year/Region	污染物去除量 Quantity of Pollutants Removed by Urban Waste Water Treatment					
		化学需氧量 COD	氨氮 Ammonia Nitrogen	总氮 Total Nitrogen	总磷 Total Phosphorus	挥发酚 Volatile Phenols	氰化物 Cyanide
	2016	**13 812 942.4**	**1 311 934.0**	**1 447 269.8**	**169 070.2**	**978.9**	**2 830.8**
	2017	**15 400 133.7**	**1 439 775.0**	**1 569 371.2**	**195 444.6**	**1 699.4**	**7 785.1**
北　京	BEIJING	676 093.7	65 490.7	85 081.5	9 377.5	119.3	9.2
天　津	TIANJIN	334 187.8	44 048.6	54 935.2	5 224.0	7.4	3.2
河　北	HEBEI	781 558.1	79 407.2	93 426.2	10 097.5	178.9	...
山　西	SHANXI	350 705.1	37 306.7	41 886.2	4 010.8	46.1	10.2
内蒙古	INNER MONGOLIA	365 793.8	36 235.6	48 427.4	4 185.7	12.7	10.4
辽　宁	LIAONING	547 179.0	52 653.4	52 578.7	7 292.7	6.0	0.6
吉　林	JILIN	292 905.2	21 420.1	23 316.6	3 408.7	14.2	9.0
黑龙江	HEILONGJIANG	329 203.6	30 904.0	30 831.2	4 296.8	1.4	1.1
上　海	SHANGHAI	674 918.4	51 143.9	46 896.4	8 576.4	233.3	35.7
江　苏	JIANGSU	1 263 759.2	105 625.2	111 592.1	14 782.8	330.5	130.9
浙　江	ZHEJIANG	1 258 104.6	99 749.9	98 732.3	14 926.4	11.9	3 579.4
安　徽	ANHUI	390 363.1	44 870.3	49 082.7	4 867.4	7.3	40.1
福　建	FUJIAN	352 771.7	31 867.6	32 777.6	4 025.9	13.3	291.7
江　西	JIANGXI	172 665.4	17 962.9	18 043.9	2 061.8	1.4	95.2
山　东	SHANDONG	1 655 917.3	144 582.5	161 925.7	21 198.7	115.4	244.6
河　南	HENAN	981 403.7	101 611.6	117 789.3	14 031.8	91.3	6.8
湖　北	HUBEI	403 151.8	38 831.5	38 921.5	4 287.7	26.9	6.3
湖　南	HUNAN	369 747.8	31 588.0	35 988.1	3 872.6	56.9	8.7
广　东	GUANGDONG	1 515 375.2	135 597.3	137 860.4	25 000.4	9.7	3 278.2
广　西	GUANGXI	181 508.2	25 670.0	23 924.8	2 821.5	0.2	...
海　南	HAINAN	55 058.5	4 781.9	4 564.2	758.8	...	...
重　庆	CHONGQING	322 067.2	33 311.8	33 302.6	4 275.4	337.8	2.7
四　川	SICHUAN	503 731.3	57 736.5	58 797.7	6 784.6	16.4	0.7
贵　州	GUIZHOU	143 824.3	16 723.8	19 031.9	1 207.6	...	0.0
云　南	YUNNAN	273 654.4	30 144.0	33 046.9	2 789.1	0.3	...
西　藏	TIBET	5 745.3	511.1	797.8	87.9	...	...
陕　西	SHAANXI	554 204.5	47 009.4	53 556.2	5 859.5	0.3	4.8
甘　肃	GANSU	239 109.8	21 659.9	25 902.6	1 755.3	11.7	11.8
青　海	QINGHAI	41 590.1	3 150.8	4 348.8	365.8	0.0	0.0
宁　夏	NINGXIA	109 812.3	8 849.5	11 043.4	1 861.3	8.7	3.0
新　疆	XINJIANG	254 023.6	19 329.4	20 961.2	1 352.1	40.1	0.9

各地区生活垃圾处理情况（一）
Centralized Treatment of Garbage by Region（1）
（2017）

年份/地区	Year/Region	生活垃圾处理厂数量/家 Number of Garbage Treatment Plants (unit)	本年运行费用/万元 Annul Expenditure for Operation (10 000 yuan)	生活垃圾处理场（厂）累计完成投资/万元 Total Investment of Garbage Treatment Plants (10 000 yuan)	新增固定资产/万元 Newly-added Fixed Assets (10 000 yuan)
	2016	**2 327**	**835 917.1**	**18 297 665.8**	**931 706.5**
	2017	**2 323**	**961 074.7**	**21 401 362.0**	**1 542 589.7**
北 京	BEIJING	27	80 654.2	1 129 317.0	94 108.6
天 津	TIANJIN	9	17 224.0	191 221.0	68 385.1
河 北	HEBEI	122	38 730.8	605 390.1	35 201.7
山 西	SHANXI	95	26 027.0	480 658.4	21 070.9
内蒙古	INNER MONGOLIA	91	28 871.7	474 490.2	11 533.3
辽 宁	LIAONING	51	24 991.4	441 017.3	3 354.4
吉 林	JILIN	46	20 834.2	336 060.1	8 900.4
黑龙江	HEILONGJIANG	48	17 690.3	379 063.9	38 506.4
上 海	SHANGHAI	19	15 117.7	762 001.6	9 379.9
江 苏	JIANGSU	71	28 905.1	1 574 253.2	210 645.2
浙 江	ZHEJIANG	103	78 417.8	1 646 360.8	94 462.3
安 徽	ANHUI	77	24 296.5	1 018 865.5	99 135.0
福 建	FUJIAN	69	21 008.7	1 025 567.2	49 358.7
江 西	JIANGXI	78	19 754.4	388 838.1	21 946.8
山 东	SHANDONG	102	54 792.4	1 505 889.4	95 026.9
河 南	HENAN	122	26 465.4	574 407.0	19 789.0
湖 北	HUBEI	103	29 036.0	798 876.2	58 185.3
湖 南	HUNAN	101	65 288.9	945 842.5	106 162.2
广 东	GUANGDONG	121	131 708.6	2 155 891.7	139 140.3
广 西	GUANGXI	77	30 560.2	626 178.2	56 852.4
海 南	HAINAN	19	5 090.3	245 084.9	4 346.3
重 庆	CHONGQING	38	20 469.4	275 310.7	9 233.4
四 川	SICHUAN	130	51 793.1	1 040 965.9	73 603.3
贵 州	GUIZHOU	61	20 859.3	362 545.5	26 507.9
云 南	YUNNAN	115	20 517.0	453 926.7	12 449.6
西 藏	TIBET	68	4 872.9	196 104.0	25 820.5
陕 西	SHAANXI	81	18 489.2	327 737.3	9 626.9
甘 肃	GANSU	86	10 270.2	234 563.7	7 077.8
青 海	QINGHAI	59	4 919.5	77 138.1	6 017.0
宁 夏	NINGXIA	21	3 708.0	122 473.0	31 209.4
新 疆	XINJIANG	113	19 710.7	1 005 323.1	95 552.9

各地区生活垃圾处理情况（二）
Centralized Treatment of Garbage by Region（2）
（2017）

单位：万吨　　　　　　　　　　　　　　　　　　　　（10 000 tons）

年份/地区	Year/ Region	填埋量 Landfill	堆肥量 Compost	焚烧量 Incineration	其他方式处理量 Other
	2016	**18 349.0**	**288.1**	**7 718.3**	**323.2**
	2017	**21 249.5**	**203.6**	**8 855.6**	**1 579.3**
北　京	BEIJING	546.7	136.5	300.8	17.9
天　津	TIANJIN	142.1	0.0	136.7	11.0
河　北	HEBEI	807.4	7.7	192.5	93.4
山　西	SHANXI	1 181.4	5.4	122.1	21.0
内蒙古	INNER MONGOLIA	626.6	0.0	43.9	37.0
辽　宁	LIAONING	918.5	0.0	52.9	1.9
吉　林	JILIN	426.3	0.0	72.5	72.3
黑龙江	HEILONGJIANG	471.9	0.0	30.2	39.3
上　海	SHANGHAI	521.8	17.0	404.6	41.4
江　苏	JIANGSU	557.1	0.0	1 280.0	87.1
浙　江	ZHEJIANG	965.3	0.0	1 241.3	54.6
安　徽	ANHUI	561.9	0.0	381.9	72.4
福　建	FUJIAN	715.0	0.0	615.1	28.5
江　西	JIANGXI	669.7	4.0	91.4	23.3
山　东	SHANDONG	1 100.3	22.1	832.6	114.1
河　南	HENAN	1 521.3	7.3	144.8	58.1
湖　北	HUBEI	621.0	0.0	340.3	66.2
湖　南	HUNAN	1 258.1	0.0	157.6	38.7
广　东	GUANGDONG	2 450.8	0.0	1 068.4	44.7
广　西	GUANGXI	503.1	0.4	147.3	315.0
海　南	HAINAN	178.7	0.0	132.5	0.0
重　庆	CHONGQING	471.0	0.0	166.5	12.7
四　川	SICHUAN	978.6	0.0	351.4	145.3
贵　州	GUIZHOU	508.5	0.0	88.7	20.3
云　南	YUNNAN	384.2	3.2	348.2	54.1
西　藏	TIBET	120.4	0.0	2.7	3.8
陕　西	SHAANXI	743.0	0.0	0.0	26.7
甘　肃	GANSU	327.8	0.0	65.2	22.4
青　海	QINGHAI	219.5	0.0	0.2	9.2
宁　夏	NINGXIA	117.7	0.0	39.9	8.8
新　疆	XINJIANG	633.7	…	3.7	38.3

各地区危险废物（医疗废物）集中处置情况（一）

Centralized Treatment of Hazardous Wastes（Medical Wastes）by Region（1）

（2017）

年份/地区	Year/Region	危险废物集中处置厂数/家 Number of Centralized Hazardous Wastes Treatment Plants（unit）	医疗废物集中处置厂数/家 Number of Centralized Medical Wastes Treatment Plants（unit）	本年运行费用/万元 Annul Expenditure for Operation（10 000 yuan）	危险废物（医疗废物）集中处置厂累计完成投资/万元 Total Investment of Hazardous/Medical Wastes Treatment Plants（10 000 yuan）	新增固定资产/万元 Newly-added Fixed Assets（10 000 yuan）
	2016	**938**	**260**	**1 185 923.3**	**5 867 799.7**	**485 032.5**
	2017	**1 203**	**302**	**2 231 390.1**	**9 242 656.4**	**695 144.9**
北 京	BEIJING	9	2	57 176.2	115 151.6	1 472.3
天 津	TIANJIN	15	1	51 764.1	120 425.3	13 285.1
河 北	HEBEI	29	12	35 925.8	110 166.8	9 969.5
山 西	SHANXI	17	13	15 391.2	86 604.5	2 796.6
内蒙古	INNER MONGOLIA	8	11	11 800.4	44 389.4	752.7
辽 宁	LIAONING	31	8	49 860.4	182 948.1	9 128.1
吉 林	JILIN	36	8	23 298.4	65 855.7	3 897.6
黑龙江	HEILONGJIANG	25	10	18 040.5	88 872.5	7 738.1
上 海	SHANGHAI	25	0	112 982.9	773 497.3	23 613.7
江 苏	JIANGSU	252	5	334 775.2	1 356 554.9	113 103.0
浙 江	ZHEJIANG	122	6	408 151.4	716 368.7	106 214.0
安 徽	ANHUI	33	10	31 515.4	248 502.2	39 945.1
福 建	FUJIAN	35	7	36 543.0	178 852.1	13 294.5
江 西	JIANGXI	59	10	97 556.7	452 022.3	19 685.9
山 东	SHANDONG	84	13	110 936.8	474 418.2	49 046.2
河 南	HENAN	29	24	45 208.2	169 456.9	10 915.2
湖 北	HUBEI	44	11	102 837.1	703 367.4	30 416.2
湖 南	HUNAN	16	10	19 631.8	289 009.9	3 668.1
广 东	GUANGDONG	98	20	278 011.8	696 446.3	75 445.6
广 西	GUANGXI	23	9	53 059.3	324 257.8	15 675.9
海 南	HAINAN	3	2	4 830.0	24 986.7	164.4
重 庆	CHONGQING	26	10	39 029.7	200 733.7	25 226.6
四 川	SICHUAN	28	22	52 147.5	219 772.0	24 045.9
贵 州	GUIZHOU	17	16	12 549.1	76 238.3	3 225.2
云 南	YUNNAN	13	12	29 874.1	165 709.7	21 189.0
西 藏	TIBET	2	5	2 534.7	13 344.9	393.7
陕 西	SHAANXI	34	8	45 352.2	527 629.2	17 699.4
甘 肃	GANSU	20	16	51 242.4	296 053.1	8 839.2
青 海	QINGHAI	15	7	20 538.0	120 945.1	19 933.0
宁 夏	NINGXIA	23	3	27 351.1	109 423.5	5 970.6
新 疆	XINJIANG	32	11	51 474.8	290 652.3	18 394.5

各地区危险废物（医疗废物）集中处置情况（二）
Centralized Treatment of Hazardous Wastes（Medical Wastes）by Region（2）
（2017）

单位：吨　　　　　　　　　　　　　　　　　　　　　　　　（ton）

年份/地区	Year/ Region	危险废物实际处置量 Volume of Hazardous Wastes Disposed	工业危险废物处置量 Industrial Hazardous Wastes	医疗废物处置量 Medical Hazardous Wastes	其他危险废物处置量 Other Hazardous Wastes	危险废物综合利用量 Volume of Hazardous Wastes Utilized
	2016	**9 043 527**	**7 572 446**	**842 606**	**628 475**	**8 942 534**
	2017	**9 125 579**	**7 732 580**	**953 009**	**439 989**	**13 907 946**
北　京	BEIJING	119 140	90 417	19 168	9 556	40 507
天　津	TIANJIN	150 714	137 110	13 604	0	392 920
河　北	HEBEI	123 942	98 074	23 748	2 120	24 305
山　西	SHANXI	62 359	30 234	29 624	2 501	40 719
内蒙古	INNER MONGOLIA	43 581	28 378	14 516	687	21 610
辽　宁	LIAONING	231 684	182 184	27 276	22 224	179 947
吉　林	JILIN	165 824	136 889	14 696	14 239	143 861
黑龙江	HEILONGJIANG	149 736	102 214	25 060	22 462	62 404
上　海	SHANGHAI	464 681	320 770	49 572	94 339	158 968
江　苏	JIANGSU	1 525 777	1 449 051	53 731	22 995	4 187 147
浙　江	ZHEJIANG	1 340 988	1 184 712	80 809	75 467	1 589 790
安　徽	ANHUI	119 078	85 226	31 641	2 211	174 214
福　建	FUJIAN	169 173	138 590	29 706	878	155 373
江　西	JIANGXI	86 078	67 792	17 691	595	785 016
山　东	SHANDONG	505 294	423 460	63 250	18 583	1 250 587
河　南	HENAN	183 808	100 178	59 279	24 352	197 323
湖　北	HUBEI	167 864	125 794	40 657	1 412	269 630
湖　南	HUNAN	100 229	67 562	32 192	475	16 035
广　东	GUANGDONG	946 367	818 178	101 492	26 697	1 383 900
广　西	GUANGXI	342 282	280 863	29 763	31 657	364 724
海　南	HAINAN	15 942	10 327	5 615	0	809
重　庆	CHONGQING	258 761	221 895	20 145	16 721	442 813
四　川	SICHUAN	115 696	63 187	51 730	779	244 664
贵　州	GUIZHOU	31 581	5 980	23 711	1 890	20 353
云　南	YUNNAN	463 683	396 856	25 976	40 852	292 581
西　藏	TIBET	1 827	10	1 721	96	0
陕　西	SHAANXI	155 264	125 356	28 577	1 331	954 976
甘　肃	GANSU	142 348	128 529	11 492	2 327	110 529
青　海	QINGHAI	71 646	64 775	4 488	2 383	40 559
宁　夏	NINGXIA	115 180	110 696	4 323	161	209 097
新　疆	XINJIANG	755 053	737 295	17 758	0	152 588

10

各工业行业污染排放及治理统计

各工业行业工业废水排放及处理情况（一）

（2017）

单位：吨

行业名称	工业废水中污染物排放量			
	化学需氧量	氨氮	总氮	总磷
行业汇总	**909 630.7**	**44 499.9**	**155 673.0**	**7 878.0**
农、林、牧、渔专业及辅助性活动	1 790.8	83.9	167.9	36.8
煤炭开采和洗选业	16 913.4	42.8	58.7	0.6
石油和天然气开采业	1 550.1	68.2	69.5	0.2
黑色金属矿采选业	1 795.8	75.8	78.4	0.1
有色金属矿采选业	7 998.0	795.2	1 529.3	14.5
非金属矿采选业	2 514.3	449.7	559.7	59.7
开采专业及辅助性活动	83.2	6.9	4.8	0.0
其他采矿业	14.5	0.0	0.0	0.0
农副食品加工业	178 963.3	6 282.7	20 285.7	2 637.7
食品制造业	56 375.4	3 267.2	10 480.1	806.9
酒、饮料和精制茶制造业	68 478.0	2 973.9	8 751.6	693.2
烟草制品业	1 481.0	39.6	121.6	1.4
纺织业	109 789.0	3 370.3	18 409.7	538.6
纺织服装、服饰业	4 806.3	108.9	699.9	62.3
皮革、毛皮、羽毛及其制品和制鞋业	10 509.1	819.7	3 045.4	55.3
木材加工和木、竹、藤、棕、草制品业	2 062.3	3.4	14.0	0.4
家具制造业	407.8	1.9	18.0	5.3
造纸和纸制品业	108 469.6	2 148.1	6 174.1	141.9
印刷和记录媒介复制业	549.9	53.3	59.9	0.8
文教、工美、体育和娱乐用品制造业	711.0	16.1	81.8	7.8
石油、煤炭及其他燃料加工业	24 921.8	1 855.3	8 143.4	115.6
化学原料和化学制品制造业	119 164.2	10 879.1	38 385.2	948.8
医药制造业	37 894.4	2 533.6	9 861.3	403.9
化学纤维制造业	20 986.9	1 056.8	1 499.5	43.7
橡胶和塑料制品业	3 700.4	145.1	875.4	37.3
非金属矿物制品业	6 682.4	87.8	240.5	7.3
黑色金属冶炼和压延加工业	11 378.3	820.0	2 197.8	46.2
有色金属冶炼和压延加工业	11 735.0	1 365.9	1 943.4	64.7
金属制品业	11 236.4	528.2	1 801.2	247.4
通用设备制造业	2 883.6	68.8	374.7	45.1
专用设备制造业	1 668.8	32.4	208.9	18.2
汽车制造业	8 503.3	137.4	799.0	179.2
铁路、船舶、航空航天和其他运输设备制造业	2 322.8	50.8	199.1	28.0
电气机械和器材制造业	10 567.2	563.8	1 833.8	71.8
计算机、通信和其他电子设备制造业	17 367.8	1 362.6	7 745.6	194.5
仪器仪表制造业	491.8	16.4	64.3	5.0
其他制造业	504.6	11.0	51.1	3.0
废弃资源综合利用业	3 039.2	67.2	151.6	4.8
金属制品、机械和设备修理业	231.4	6.7	31.3	1.5
电力、热力生产和供应业	17 355.8	1 480.7	1 994.6	33.3
燃气生产和供应业	731.0	36.1	38.2	0.1
水的生产和供应业	21 000.8	786.8	6 623.0	315.3

各工业行业工业废水排放及处理情况（二）

（2017）

行业名称	工业废水中污染物排放量			
	石油类/吨	挥发酚/千克	氰化物/千克	重金属/千克
行业汇总	**7 639.3**	**244 103.2**	**54 043.5**	**176 383.6**
农、林、牧、渔专业及辅助性活动	1.6	0.0	0.0	0.0
煤炭开采和洗选业	326.7	28.4	0.0	13 043.7
石油和天然气开采业	160.2	1 665.8	0.3	23.3
黑色金属矿采选业	49.3	0.0	0.0	280.9
有色金属矿采选业	13.0	0.0	997.2	32 170.8
非金属矿采选业	8.0	0.0	0.0	65.4
开采专业及辅助性活动	0.6	0.0	0.0	19.6
其他采矿业	0.2	0.0	0.0	0.0
农副食品加工业	197.4	10.3	34.5	7.4
食品制造业	140.5	20.2	4.3	0.7
酒、饮料和精制茶制造业	4.0	550.4	7.3	6.7
烟草制品业	0.1	0.0	0.0	0.0
纺织业	7.1	183.8	2.5	537.3
纺织服装、服饰业	0.1	1.0	0.2	0.1
皮革、毛皮、羽毛及其制品和制鞋业	1.9	0.0	0.0	24 034.5
木材加工和木、竹、藤、棕、草制品业	1.1	0.1	0.0	0.1
家具制造业	12.2	2.4	0.0	0.9
造纸和纸制品业	63.8	10 776.1	0.0	0.1
印刷和记录媒介复制业	46.1	0.6	0.0	2.0
文教、工美、体育和娱乐用品制造业	16.0	5.9	12.0	84.5
石油、煤炭及其他燃料加工业	731.7	160 386.9	19 775.4	1 099.9
化学原料和化学制品制造业	599.9	46 441.3	15 023.6	19 892.5
医药制造业	3.9	441.4	40.5	101.4
化学纤维制造业	99.2	144.0	0.0	41.1
橡胶和塑料制品业	92.7	1.0	87.2	78.2
非金属矿物制品业	71.4	3 253.2	494.9	10.8
黑色金属冶炼和压延加工业	320.9	17 739.8	6 179.1	9 489.9
有色金属冶炼和压延加工业	567.6	608.9	632.7	24 253.4
金属制品业	1 117.9	33.6	7 283.3	26 064.4
通用设备制造业	597.4	0.1	222.4	2 395.9
专用设备制造业	247.3	68.2	171.5	248.5
汽车制造业	1 296.0	85.2	39.3	856.0
铁路、船舶、航空航天和其他运输设备制造业	138.0	1.5	47.9	657.7
电气机械和器材制造业	136.2	3.1	43.9	4 698.7
计算机、通信和其他电子设备制造业	354.4	95.6	2 718.8	15 572.8
仪器仪表制造业	18.4	0.0	1.1	8.7
其他制造业	1.4	0.0	3.0	0.4
废弃资源综合利用业	135.2	0.0	0.0	539.6
金属制品、机械和设备修理业	23.5	2.0	0.2	5.2
电力、热力生产和供应业	20.1	129.6	62.7	9.6
燃气生产和供应业	3.4	1 423.1	157.8	0.0
水的生产和供应业	12.7	0.0	0.0	80.9

各工业行业工业废气排放及处理情况

（2017）

单位：吨

行业名称	二氧化硫排放量	氮氧化物排放量	颗粒物排放量
行业汇总	**5 298 769.5**	**6 464 926.5**	**10 669 965.8**
农、林、牧、渔专业及辅助性活动	17 226.7	7 931.4	15 328.8
煤炭开采和洗选业	24 003.3	37 721.8	1 483 567.0
石油和天然气开采业	19 141.9	16 992.0	6 536.4
黑色金属矿采选业	7 114.3	12 103.0	146 280.9
有色金属矿采选业	2 554.5	5 438.4	236 292.4
非金属矿采选业	10 381.3	39 759.3	310 889.6
开采专业及辅助性活动	3 730.3	2 731.7	14 668.0
其他采矿业	39.7	61.3	220.9
农副食品加工业	61 066.4	50 117.0	104 047.1
食品制造业	28 971.3	28 376.3	31 764.7
酒、饮料和精制茶制造业	20 290.7	18 029.7	32 245.0
烟草制品业	1 138.1	1 576.8	11 405.6
纺织业	45 881.6	38 723.3	33 015.0
纺织服装、服饰业	2 835.2	2 214.1	3 243.2
皮革、毛皮、羽毛及其制品和制鞋业	3 993.2	2 342.3	69 498.2
木材加工和木、竹、藤、棕、草制品业	31 716.8	21 500.5	189 348.5
家具制造业	1 116.2	2 039.4	68 801.9
造纸和纸制品业	69 438.7	70 355.4	46 731.2
印刷和记录媒介复制业	1 165.7	1 894.6	1 555.5
文教、工美、体育和娱乐用品制造业	2 594.2	1 443.4	14 696.9
石油、煤炭及其他燃料加工业	216 078.7	435 948.3	412 345.7
化学原料和化学制品制造业	449 451.4	334 810.9	668 130.5
医药制造业	18 978.5	16 619.6	16 369.6
化学纤维制造业	19 925.9	19 891.7	72 071.2
橡胶和塑料制品业	21 139.1	19 308.0	109 232.0
非金属矿物制品业	1 245 872.6	1 739 696.0	3 386 807.9
黑色金属冶炼和压延加工业	823 072.7	1 434 217.7	1 300 584.0
有色金属冶炼和压延加工业	630 122.3	297 983.3	334 886.9
金属制品业	20 408.4	32 073.8	296 008.0
通用设备制造业	5 058.7	11 386.8	111 785.2
专用设备制造业	3 456.0	6 553.1	72 025.2
汽车制造业	2 706.3	16 412.9	73 357.4
铁路、船舶、航空航天和其他运输设备制造业	1 316.4	3 172.2	20 212.6
电气机械和器材制造业	5 383.4	22 734.1	14 131.1
计算机、通信和其他电子设备制造业	1 852.6	2 693.3	10 806.8
仪器仪表制造业	134.8	179.7	336.8
其他制造业	521.0	329.3	1 127.5
废弃资源综合利用业	6 324.6	5 413.1	30 902.9
金属制品、机械和设备修理业	201.7	901.2	2 838.9
电力、热力生产和供应业	1 470 644.1	1 698 240.1	904 158.7
燃气生产和供应业	1 256.4	4 744.5	11 372.3
水的生产和供应业	463.7	265.5	337.4

各工业行业一般工业固体废物产生及利用处置情况

（2017）

单位：万吨

行业名称	一般工业固体废物产生量	一般工业固体废物综合利用量	一般工业固体废物处置量
行业汇总	**386 707**	**206 117**	**94 314**
农、林、牧、渔专业及辅助性活动	170	166	4
煤炭开采和洗选业	48 652	22 004	22 227
石油和天然气开采业	244	146	69
黑色金属矿采选业	54 716	11 543	14 188
有色金属矿采选业	56 338	8 163	22 476
非金属矿采选业	14 385	9 538	2 368
开采专业及辅助性活动	508	353	160
其他采矿业	5	3	1
农副食品加工业	5 189	4 986	193
食品制造业	1 056	920	126
酒、饮料和精制茶制造业	1 427	1 328	98
烟草制品业	191	186	5
纺织业	871	679	190
纺织服装、服饰业	72	66	6
皮革、毛皮、羽毛及其制品和制鞋业	94	73	20
木材加工和木、竹、藤、棕、草制品业	1 440	1 356	84
家具制造业	123	116	7
造纸和纸制品业	2 740	2 306	373
印刷和记录媒介复制业	134	123	11
文教、工美、体育和娱乐用品制造业	35	31	3
石油、煤炭及其他燃料加工业	7 130	2 996	3 415
化学原料和化学制品制造业	36 439	21 823	6 170
医药制造业	386	315	47
化学纤维制造业	391	353	37
橡胶和塑料制品业	363	326	36
非金属矿物制品业	10 751	9 626	937
黑色金属冶炼和压延加工业	48 865	43 100	3 644
有色金属冶炼和压延加工业	18 301	6 032	4 747
金属制品业	1 508	1 405	94
通用设备制造业	786	733	51
专用设备制造业	280	255	24
汽车制造业	1 047	957	88
铁路、船舶、航空航天和其他运输设备制造业	281	253	30
电气机械和器材制造业	414	356	57
计算机、通信和其他电子设备制造业	1 019	835	182
仪器仪表制造业	6	6	1
其他制造业	12	11	1
废弃资源综合利用业	1 096	970	100
金属制品、机械和设备修理业	42	36	6
电力、热力生产和供应业	68 527	51 162	11 949
燃气生产和供应业	31	27	1
水的生产和供应业	643	456	89

各工业行业危险废物产生及利用处置情况

（2017）

单位：吨

行业名称	危险废物产生量	危险废物利用处置量
行业汇总	**65 812 889**	**59 726 782**
农、林、牧、渔专业及辅助性活动	255	249
煤炭开采和洗选业	28 556	227 243
石油和天然气开采业	2 170 099	1 453 106
黑色金属矿采选业	5 939	5 611
有色金属矿采选业	3 897 087	2 072 708
非金属矿采选业	725 404	6 749
开采专业及辅助性活动	38 132	44 693
其他采矿业	41	38
农副食品加工业	25 352	25 364
食品制造业	111 811	105 275
酒、饮料和精制茶制造业	3 087	2 779
烟草制品业	3 063	5 485
纺织业	72 365	67 778
纺织服装、服饰业	3 653	3 557
皮革、毛皮、羽毛及其制品和制鞋业	97 133	92 799
木材加工和木、竹、藤、棕、草制品业	17 330	15 059
家具制造业	36 902	30 356
造纸和纸制品业	4 431 162	4 416 651
印刷和记录媒介复制业	62 213	61 234
文教、工美、体育和娱乐用品制造业	21 438	19 672
石油、煤炭及其他燃料加工业	8 436 385	8 375 073
化学原料和化学制品制造业	13 232 997	13 002 283
医药制造业	1 461 685	1 457 018
化学纤维制造业	707 595	705 130
橡胶和塑料制品业	218 454	196 784
非金属矿物制品业	912 773	883 010
黑色金属冶炼和压延加工业	5 273 557	5 230 221
有色金属冶炼和压延加工业	11 272 494	9 593 270
金属制品业	2 366 275	2 231 781
通用设备制造业	447 433	420 769
专用设备制造业	151 893	136 239
汽车制造业	716 101	690 787
铁路、船舶、航空航天和其他运输设备制造业	101 363	99 469
电气机械和器材制造业	754 621	741 251
计算机、通信和其他电子设备制造业	3 133 545	3 107 272
仪器仪表制造业	9 633	8 912
其他制造业	7 768	7 368
废弃资源综合利用业	583 121	268 565
金属制品、机械和设备修理业	35 549	34 474
电力、热力生产和供应业	4 227 593	3 870 486
燃气生产和供应业	10 167	9 369
水的生产和供应业	865	846

各工业行业污染治理情况（一）

（2017）

行业名称	废水治理设施数量/台（套）	废水治理设施治理能力/（万吨/日）	废水治理设施运行费用/万元
行业汇总	**62 125**	**18 330.6**	**6 498 905.9**
农、林、牧、渔专业及辅助性活动	164	10.3	1 622.0
煤炭开采和洗选业	2 226	943.7	137 986.7
石油和天然气开采业	269	340.5	188 273.1
黑色金属矿采选业	215	663.2	25 032.5
有色金属矿采选业	772	505.3	87 255.6
非金属矿采选业	246	60.4	11 394.5
开采专业及辅助性活动	43	10.0	2 055.0
其他采矿业	18	3.6	1 203.2
农副食品加工业	6 595	884.2	197 164.5
食品制造业	2 912	341.0	142 814.5
酒、饮料和精制茶制造业	2 331	327.0	125 176.6
烟草制品业	103	16.0	12 159.2
纺织业	4 800	2 469.4	630 425.9
纺织服装、服饰业	657	82.0	25 153.2
皮革、毛皮、羽毛及其制品和制鞋业	1 370	154.2	77 296.4
木材加工和木、竹、藤、棕、草制品业	326	10.0	5 346.4
家具制造业	293	2.8	2 665.6
造纸和纸制品业	2 435	1 707.2	499 870.8
印刷和记录媒介复制业	451	8.2	5 575.0
文教、工美、体育和娱乐用品制造业	396	8.9	6 298.0
石油、煤炭及其他燃料加工业	835	400.0	523 174.4
化学原料和化学制品制造业	7 161	1 440.9	1 002 766.6
医药制造业	3 518	216.3	271 671.1
化学纤维制造业	346	174.9	92 272.6
橡胶和塑料制品业	947	62.2	27 757.1
非金属矿物制品业	2 144	192.7	61 135.4
黑色金属冶炼和压延加工业	1 524	5 588.6	931 776.5
有色金属冶炼和压延加工业	1 371	325.5	161 867.4
金属制品业	5 966	283.2	368 325.0
通用设备制造业	1 335	44.6	35 298.7
专用设备制造业	788	22.3	20 678.6
汽车制造业	2 042	96.0	114 111.4
铁路、船舶、航空航天和其他运输设备制造业	775	46.6	21 989.5
电气机械和器材制造业	1 292	83.6	80 375.9
计算机、通信和其他电子设备制造业	2 826	388.1	414 064.0
仪器仪表制造业	195	7.5	6 570.3
其他制造业	661	22.0	17 495.6
废弃资源综合利用业	268	12.1	16 707.9
金属制品、机械和设备修理业	150	4.9	3 535.6
电力、热力生产和供应业	1 336	366.8	139 540.1
燃气生产和供应业	23	3.8	3 023.4
水的生产和供应业	—	—	—

注：因统计口径原因，水的生产和供应业无数据。

各行业污染治理情况（二）
（2017）

行业名称	废气治理设施数量/台（套）	脱硫设施	脱硝设施	除尘设施	VOCs治理设施	废气治理设施运行费用/万元
行业汇总	**229 618**	**43 070**	**18 859**	**125 630**	**42 059**	**19 679 047.9**
农、林、牧、渔专业及辅助性活动	654	119	11	511	13	3 655.9
煤炭开采和洗选业	5 063	1 973	220	2 864	6	85 019.0
石油和天然气开采业	170	76	7	83	4	15 224.0
黑色金属矿采选业	805	120	16	669	0	25 686.0
有色金属矿采选业	897	163	27	706	1	20 932.2
非金属矿采选业	991	152	37	796	6	22 787.4
开采专业及辅助性活动	113	40	5	65	3	2 108.4
其他采矿业	30	5	1	22	2	428.5
农副食品加工业	7 522	1 771	498	5 090	163	148 888.5
食品制造业	3 176	925	243	1 898	110	91 584.3
酒、饮料和精制茶制造业	2 158	701	145	1 247	65	52 346.0
烟草制品业	486	57	13	406	10	22 524.7
纺织业	8 466	1 816	573	3 477	2 600	259 302.5
纺织服装、服饰业	923	248	28	586	61	10 496.6
皮革、毛皮、羽毛及其制品和制鞋业	2 070	304	51	601	1 114	24 309.0
木材加工和木、竹、藤、棕、草制品业	5 420	288	123	3 652	1 357	74 984.7
家具制造业	3 730	73	21	1 496	2 140	41 239.6
造纸和纸制品业	5 130	1 521	662	2 538	409	306 954.2
印刷和记录媒介复制业	2 707	117	30	325	2 235	54 328.3
文教、工美、体育和娱乐用品制造业	1 048	35	14	451	548	11 127.5
石油、煤炭及其他燃料加工业	4 185	1 118	614	1 795	658	1 180 203.7
化学原料和化学制品制造业	25 081	4 447	2 139	11 169	7 326	1 424 552.1
医药制造业	4 968	871	286	1 994	1 817	138 218.6
化学纤维制造业	1 346	317	169	431	429	89 216.7
橡胶和塑料制品业	9 597	798	214	3 205	5 380	188 687.6
非金属矿物制品业	52 218	10 206	4 266	36 724	1 022	1 969 029.7
黑色金属冶炼和压延加工业	9 322	1 472	273	7 463	114	4 042 549.9
有色金属冶炼和压延加工业	6 680	1 587	400	4 427	266	924 263.2
金属制品业	10 525	887	377	6 556	2 705	258 643.9
通用设备制造业	4 447	227	76	2 593	1 551	162 282.8
专用设备制造业	2 637	144	49	1 353	1 091	50 170.6
汽车制造业	5 296	131	76	2 497	2 592	318 648.5
铁路、船舶、航空航天和其他运输设备制造业	2 342	98	48	1 110	1 086	66 104.3
电气机械和器材制造业	3 734	147	138	1 833	1 616	131 020.5
计算机、通信和其他电子设备制造业	4 047	130	210	1 395	2 312	221 582.8
仪器仪表制造业	288	11	5	99	173	3 212.4
其他制造业	1 651	190	56	860	545	43 085.3
废弃资源综合利用业	1 264	217	45	809	193	35 323.3
金属制品、机械和设备修理业	332	27	9	98	198	3 551.6
电力、热力生产和供应业	27 969	9 507	6 661	11 672	129	7 138 456.1
燃气生产和供应业	130	34	23	64	9	16 317.0
水的生产和供应业	—	—	—	—	—	—

注：因统计口径原因，水的生产和供应业无数据。

11

各地区生态环境管理统计

各地区环境信访情况

（2017）

单位：件

地区名称	电话举报数量	微信举报数量	网上举报数量	来信、来访已办结数量
总　计	**409 548**	**129 417**	**79 878**	**245511**
国家级	—	5	11	8 496
北　京	23 378	2 739	1 739	4 045
天　津	5 386	3 464	2 758	645
河　北	6 562	6 371	5 637	4 500
山　西	8 583	3 742	2 332	3 362
内蒙古	1 151	937	788	2 890
辽　宁	27 170	3 125	2 382	8 856
吉　林	2 005	1 970	941	3 450
黑龙江	4 245	1 594	581	6 373
上　海	34 099	3 120	2 077	1 413
江　苏	94 109	7 035	5 126	4 792
浙　江	11 093	6 299	4 274	7 848
安　徽	6 540	3 478	5 417	13 853
福　建	15 157	5 760	2 775	13 218
江　西	1 637	4 210	1 799	13 007
山　东	18 548	7 708	9 583	7 021
河　南	16 982	15 403	6 707	12 568
湖　北	6 793	2 854	2 439	13 939
湖　南	4 349	3 109	2 532	18 271
广　东	4 141	25 673	8 482	43 097
广　西	8 077	3 432	1 240	10 052
海　南	22 320	154	193	2 968
重　庆	52 750	1 794	920	2 479
四　川	11 601	5 670	4 799	3 651
贵　州	677	1 401	666	7 600
云　南	1 745	1 925	597	5 302
西　藏	0	0	28	117
陕　西	12 819	2 609	1 346	4 695
甘　肃	711	1 527	782	3 305
青　海	66	213	153	1 157
宁　夏	1 185	1 076	246	9 416
新　疆	5 669	1 020	528	3 125

各地区承办的人大建议和政协提案情况

（2017）

单位：件

地区名称	承办的人大建议数量	承办的政协提案数量
总　计	**8 372**	**9 900**
国家级	453	247
北　京	108	123
天　津	76	95
河　北	458	558
山　西	315	284
内蒙古	135	229
辽　宁	247	335
吉　林	54	44
黑龙江	102	112
上　海	131	141
江　苏	572	729
浙　江	508	501
安　徽	276	405
福　建	359	398
江　西	265	345
山　东	456	703
河　南	511	630
湖　北	532	617
湖　南	485	481
广　东	549	654
广　西	167	235
海　南	24	43
重　庆	279	347
四　川	388	514
贵　州	196	218
云　南	234	230
西　藏	65	73
陕　西	137	252
甘　肃	87	114
青　海	41	48
宁　夏	31	85
新　疆	131	110

各地区环境法制情况

（2017）

单位：件

地区名称	当年受理行政复议案数量	当年颁布地方性环保法规数量	当年废止地方性环保法规数量	现行有效的地方性环保法规总数量	当年颁布地方性环保规章数量	现行有效的地方性环保规章总数量
总　计	**1 077**	**91**	**16**	**480**	**41**	**318**
国家级	93	—	—	—	—	—
北　京	25	0	0	2	0	1
天　津	18	0	0	4	0	8
河　北	45	2	1	15	0	13
山　西	46	0	0	30	1	5
内蒙古	7	2	3	20	1	9
辽　宁	71	3	3	24	1	15
吉　林	11	1	1	15	1	9
黑龙江	3	0	0	13	0	15
上　海	24	0	0	3	0	9
江　苏	131	10	0	46	16	59
浙　江	53	10	1	32	2	17
安　徽	37	4	0	20	1	9
福　建	46	0	0	10	0	9
江　西	14	1	0	8	0	3
山　东	8	3	0	26	0	10
河　南	33	6	3	14	3	12
湖　北	36	8	1	40	6	24
湖　南	39	7	3	16	0	5
广　东	173	9	0	37	1	8
广　西	30	2	0	7	0	3
海　南	24	2	0	3	0	4
重　庆	21	5	0	11	0	3
四　川	0	3	0	4	0	0
贵　州	36	5	0	23	0	9
云　南	4	2	0	11	5	21
西　藏	0	1	0	5	0	4
陕　西	15	3	0	16	2	9
甘　肃	17	2	0	11	1	10
青　海	0	0	0	2	0	2
宁　夏	4	0	0	6	0	2
新　疆	13	0	0	6	0	9

各地区环境科技与标准情况

（2017）

地区名称	当年发布的地方环境保护标准数量/项	当年全国开展强制性清洁生产审核评估企业数量/家
总　计	**48**	**6 352**
国家级	—	—
北　京	10	101
天　津	3	89
河　北	5	533
山　西	0	201
内蒙古	1	76
辽　宁	0	222
吉　林	3	110
黑龙江	0	26
上　海	2	144
江　苏	0	192
浙　江	1	873
安　徽	0	184
福　建	5	368
江　西	1	308
山　东	0	48
河　南	1	293
湖　北	2	336
湖　南	4	64
广　东	0	1 064
广　西	0	77
海　南	0	10
重　庆	2	41
四　川	1	390
贵　州	0	13
云　南	0	45
西　藏	1	2
陕　西	0	57
甘　肃	0	278
青　海	0	24
宁　夏	0	43
新　疆	6	140

各地区环境影响评价情况

（2017）

地区名称	当年审批和备案的建设项目投资总额/万元	当年审批和备案的建设项目环保投资总额/万元	当年建设项目环境影响评价文件审批数量/项	当年建设项目环境影响登记表备案数量/项
总　计	**4 499 892 002.9**	**217 752 783.7**	**124 997**	**492 201**
国家级	35 518 601.0	1 530 702.4	44	0
北　京	83 858 075.3	8 124 331.7	1 564	14 752
天　津	5 091 986.1	106 758.5	64	0
河　北	94 149 548.5	6 348 580.7	1 075	26 668
山　西	60 815 837.6	1 727 696.4	497	7 813
内蒙古	143 755 201.2	10 728 130.5	2 979	8 922
辽　宁	120 424 381.9	3 305 203.3	4 338	11 894
吉　林	124 129 873.2	3 743 779.3	2 592	8 712
黑龙江	51 613 610.6	3 809 678.5	1 374	5 081
上　海	87 940 816.4	3 889 925.8	6 518	0
江　苏	433 899 359.9	7 529 535.0	6 609	18 251
浙　江	314 784 178.6	6 503 106.5	14 875	42 730
安　徽	348 604 207.7	17 488 894.9	2 147	20 264
福　建	50 544 536.2	1 441 537.4	235	4 809
江　西	115 181 376.1	3 092 744.1	4 923	7 269
山　东	111 106 273.9	7 631 108.8	2 439	14 031
河　南	216 255 633.0	13 620 523.6	11 674	27 959
湖　北	202 882 727.7	30 214 733.3	2 372	28 960
湖　南	224 749 863.4	5 963 122.0	7 127	14 512
广　东	269 382 920.2	17 979 807.9	20 972	31 130
广　西	95 528 828.6	2 200 142.0	1 861	6 436
海　南	42 562 580.5	5 644 094.3	752	5 209
重　庆	112 711 130.0	3 884 540.8	3 580	18 888
四　川	454 931 178.9	20 578 366.2	13 029	78 798
贵　州	193 806 254.1	8 736 951.8	1 160	14 560
云　南	73 277 319.1	1 957 814.0	801	22 048
西　藏	59 898 055.2	619 544.0	2 660	8 869
陕　西	46 769 862.4	1 750 224.1	378	13 995
甘　肃	58 108 922.4	1 024 009.5	1 679	12 250
青　海	20 728 761.5	602 447.2	714	3 395
宁　夏	13 053 469.1	2 813 975.4	173	1 353
新　疆	233 826 632.3	13 160 773.84	3 792	12 643

各地区环境监测情况（一）

（2017）

地区名称	环境监测部门/机构数量/个	环境监测管理部门	环境监测中心机构	环境监测人员数量/人	环境监测管理部门人员	环境监测中心（站）人员
总　计	**3 336**	**744**	**2 494**	**58 670**	**3 887**	**52 737**
国家级	2	1	1	201	17	184
北　京	20	1	19	585	6	578
天　津	21	1	17	597	196	345
河　北	220	43	172	3 669	174	3 410
山　西	167	43	117	3 422	285	2 904
内蒙古	160	30	126	2 368	78	2 218
辽　宁	114	26	87	2 525	224	2 223
吉　林	95	24	68	1 634	136	1 442
黑龙江	129	13	116	1 640	38	1 602
上　海	20	4	16	990	33	957
江　苏	58	13	36	1 609	61	1 507
浙　江	81	15	65	1 937	146	1 711
安　徽	88	28	53	1 243	147	1 081
福　建	129	25	100	2 337	126	2 073
江　西	105	24	80	1 182	96	1 055
山　东	192	30	152	3 960	131	3 657
河　南	203	75	120	4 746	416	4 078
湖　北	119	24	93	2 431	314	2 056
湖　南	170	47	122	3 060	269	2 584
广　东	131	21	108	2 970	52	2 888
广　西	124	26	96	1 709	93	1 581
海　南	25	5	20	384	27	345
重　庆	65	21	43	1 301	53	1 239
四　川	208	47	159	4 293	299	3 897
贵　州	110	23	84	1 294	59	1 208
云　南	189	33	144	2 131	73	2017
西　藏	39	13	25	187	27	156
陕　西	67	20	46	913	44	835
甘　肃	117	22	93	1 491	105	1 244
青　海	25	9	15	212	26	186
宁　夏	13	1	12	264	5	259
新　疆	130	36	89	1 385	131	1 217

各地区环境监测情况（二）

（2017）

地区名称	监测用房面积/米^2	监测业务经费/万元	环境监测——监测仪器设备数量/台（套）	环境监测——监测仪器设备原值总值/万元	环境空气监测点位数量/个	国控监测点位	酸雨监测点位数量/个	沙尘天气影响环境质量监测点位数量/个
总　计	**2 855 584.1**	**1 665 008.9**	**317 138**	**2 187 981.0**	**4 798**	**1 436**	**1 118**	**121**
国家级	14 998	121 160.7	1 790	74 805.0	—	—	—	—
北　京	28 988.1	27 932.8	6 734	62 049.7	1 054	12	2	1
天　津	790.0	7 990.0	247	16 892.0	27	15	32	4
河　北	142 370.4	91 597.6	14 612	94 764.4	382	53	22	3
山　西	112 693.5	16 401.4	12 045	63 673.4	76	58	23	0
内蒙古	140 682.1	30 122.7	14 125	95 267.3	89	44	24	20
辽　宁	112 214.0	39 419.2	17 908	101 621.3	150	77	61	9
吉　林	80 147.6	59 896.9	5 512	36 573.2	47	33	22	5
黑龙江	76 232.2	16 697.6	6 704	45 693.1	128	57	34	0
上　海	68 704.7	58 372.0	7 116	95 990.2	68	10	21	0
江　苏	78 618.0	112 217.4	11 276	82 783.2	117	72	222	0
浙　江	118 119.0	69 357.2	11 719	102 655.4	80	47	81	0
安　徽	59 712.7	73 606.2	5 865	40 576.3	75	68	40	0
福　建	94 473.8	42 063.6	14 535	87 774.1	192	37	48	0
江　西	98 649.4	21 193.9	7 275	40 491.2	76	60	0	0
山　东	151 294.0	161 886.9	17 589	117 729.8	392	74	49	2
河　南	124 934.2	36 280.8	17 935	119 433.3	145	75	50	0
湖　北	109 034.6	41 287.3	11 299	87 975.7	98	51	0	0
湖　南	136 194.4	89 060.4	11 131	64 534.5	157	78	35	0
广　东	160 151.1	93 441.9	21 663	158 131.7	239	102	0	0
广　西	89 777.1	82 146.4	9 047	63 562.4	60	50	0	0
海　南	12 142.0	7 566.4	2 634	22 086.3	64	7	8	0
重　庆	89 229.0	31 330.3	13 386	64 676.9	147	17	2	0
四　川	208 859.8	122 020.2	26 002	167 399.2	284	94	71	0
贵　州	90 431.2	25 113.8	8 423	50 288.9	101	33	21	0
云　南	145 152.5	38 424.6	14 521	62 989.3	110	40	32	0
西　藏	9 833.8	4 411.6	1 155	6 096.8	39	18	8	18
陕　西	47 100.8	9 255.0	4 136	29 169.1	51	50	27	4
甘　肃	63 741.8	68 599.0	9 958	54 979.4	134	33	30	9
青　海	11 287.9	2 081.7	1 553	8 023.2	24	11	0	0
宁　夏	28 715.5	8 705.7	2 520	19 027.1	43	19	10	5
新　疆	150 310.9	55 367.7	6 723	50 267.6	149	41	143	41

各地区环境监测情况（三）

（2017）

单位：个

地区名称	地表水水质监测断面（点位）数量	国控断面	集中式饮用水水源地监测点位数量	地表水监测点位	地下水监测点位	近岸海域监测点位数量	近岸海域环境功能区点位	近岸海域环境质量点位
总　计	**9 719**	**2 767**	**4 833**	**3 367**	**1 466**	**885**	**455**	**326**
北　京	472	22	70	14	56	0	0	0
天　津	129	27	46	34	12	17	5	12
河　北	323	99	130	44	86	27	14	13
山　西	161	71	82	15	67	0	0	0
内蒙古	155	79	127	11	116	0	0	0
辽　宁	268	110	97	51	46	217	111	60
吉　林	161	92	36	29	7	1	0	0
黑龙江	188	116	80	31	49	0	0	0
上　海	849	27	11	11	0	16	6	10
江　苏	387	194	84	62	22	12	7	5
浙　江	325	143	88	88	0	49	37	12
安　徽	242	140	58	44	14	0	0	0
福　建	340	71	109	108	1	117	86	30
江　西	162	100	73	72	1	0	0	0
山　东	660	131	190	110	80	229	102	84
河　南	374	131	69	22	47	0	0	0
湖　北	588	168	110	109	1	0	0	0
湖　南	443	88	141	133	8	0	0	0
广　东	651	152	151	144	7	100	34	54
广　西	151	77	63	53	10	12	0	12
海　南	176	36	155	85	70	88	53	34
重　庆	469	80	1 051	829	222	0	0	0
四　川	498	96	939	674	265	0	0	0
贵　州	211	65	208	191	17	0	0	0
云　南	612	138	208	203	5	0	0	0
西　藏	105	46	64	32	32	0	0	0
陕　西	114	71	44	27	17	0	0	0
甘　肃	142	42	149	77	72	0	0	0
青　海	47	23	21	13	8	0	0	0
宁　夏	72	18	40	9	31	0	0	0
新　疆	244	114	139	42	97	0	0	0

各地区环境监测情况（四）

（2017）

地区名称	开展环境噪声监测的监测点位数量/个	区域环境噪声监测点位	道路交通噪声监测点位	功能区环境噪声监测点位	开展污染源监督性监测的重点企业数量/家
总　计	**79 546**	**55687**	**21 115**	**2 744**	**20 491**
北　京	712	185	523	4	887
天　津	564	340	204	20	445
河　北	3 499	2 148	1 260	91	1 314
山　西	3 059	2 365	614	80	599
内蒙古	3 406	2 286	1 059	61	473
辽　宁	4 348	3 208	1 067	73	620
吉　林	1 722	1 033	579	110	275
黑龙江	3 601	2 551	943	107	292
上　海	498	249	195	54	1 738
江　苏	3 863	2 436	1 249	178	382
浙　江	3 085	2 061	879	145	685
安　徽	3 196	2 258	796	142	427
福　建	1 678	1 131	474	73	715
江　西	2 136	1 410	602	124	220
山　东	5 021	3 658	1 192	171	1 888
河　南	4 335	3 362	892	81	601
湖　北	2 846	2 001	755	90	827
湖　南	3 000	1 963	890	147	771
广　东	6 430	3 950	2 276	204	1 900
广　西	2 235	1 697	498	40	380
海　南	589	423	153	13	187
重　庆	658	491	145	22	1 589
四　川	4 773	3 843	763	167	917
贵　州	1 566	1 152	368	46	192
云　南	3 347	2 568	664	115	679
西　藏	231	195	32	4	33
陕　西	2 083	1 587	422	74	137
甘　肃	2 461	1 757	589	115	390
青　海	264	224	35	5	71
宁　夏	1 032	754	241	37	293
新　疆	3 308	2 401	756	151	564

各地区自然生态保护与建设情况

（2017）

地区 名称	自然保护区个 数量/个	自然保护区 面积/公顷	自然保护区占陆地 面积/%
总　计	**2 750**	**14 716 7 270**	**14.86**
北　京	20	134 782	8.21
天　津	8	90 610	7.60
河　北	45	709 027	3.67
山　西	46	1 102 451	7.04
内蒙古	182	12 702 703	10.74
辽　宁	105	2 673 398	13.37
吉　林	51	2 526 024	13.48
黑龙江	250	7 915 704	16.74
上　海	4	136 819	5.30
江　苏	31	535 823	3.80
浙　江	37	212 182	1.68
安　徽	106	505 791	3.63
福　建	92	445 121	3.16
江　西	200	1 223 787	7.33
山　东	88	1 136 493	4.91
河　南	33	778 449	4.66
湖　北	80	1 062 503	5.72
湖　南	128	1 225 039	5.78
广　东	384	1 849 694	7.14
广　西	78	1 350 372	5.51
海　南	49	2 706 574	6.92
重　庆	57	802 014	9.63
四　川	169	8 301 323	17.11
贵　州	124	894 104	5.06
云　南	160	2 881 963	7.31
西　藏	47	41 371 084	33.68
陕　西	60	1 131 398	5.50
甘　肃	60	8 871 499	20.83
青　海	11	21 773 168	30.14
宁　夏	14	533 050	8.03
新　疆	31	19 584 321	11.80

各地区辐射环境监测情况

（2017）

地区名称	辐射环境监测业务经费/万元	辐射环境监测用房面积/米^2	辐射环境监测仪器设备原值总值/万元	辐射环境监测仪器设备数量/台（套）
总　计	**61 319**	**92 128**	**106 781**	**9 375**
北　京	2 329	718	8 200	228
天　津	1 764	1 510	1 811	129
河　北	724	1 200	2 262	83
山　西	1 247	570	1 087	105
内蒙古	3 452	2 100	5 504	262
辽　宁	2 027	2 363	870	170
吉　林	1 189	1 029	2 874	170
黑龙江	814	500	1 600	50
上　海	3 085	1 600	2 845	359
江　苏	3 278	6 000	5 908	881
浙　江	3 767	1 081	10 103	1 325
安　徽	606	1 868	2 000	50
福　建	6 480	8 898	6 462	464
江　西	421	2 760	2 399	162
山　东	1 866	4 400	7 400	500
河　南	158	867	2 810	89
湖　北	501	350	1 100	123
湖　南	667	1 000	991	79
广　东	5 224	15 500	4 788	590
广　西	5 241	10 200	6 000	480
海　南	2 785	2 500	3 973	490
重　庆	1 265	1 530	1 530	160
四　川	4 239	11 000	8 256	715
贵　州	1 185	1 810	665	148
云　南	1 098	960	3 232	432
西　藏	532	1 200	800	42
陕　西	1 229	2 117	2 166	313
甘　肃	1 763	2 454	3 066	322
青　海	973	1 500	3 514	241
宁　夏	958	1 543	1 765	173
新　疆	454	1 000	800	40

各地区环境监察执法情况（一）

（2017）

地区名称	已实施自动监控的重点排污单位数量/家	已实施自动监控的重点排污单位中排放口数量/个		已实施自动监控的重点排污单位中监控设备与环保部门稳定联网数量/家				
		水排口放	气排放口	COD监控设备与环保部门稳定联网	NH_3-N监控设备与环保部门稳定联网	SO_2监控设备与环保部门稳定联网	NO_x监控设备与环保部门稳定联网	烟尘监控设备与环保部门稳定联网
总　计	**15 759**	**10 732**	**15 228**	**10 718**	**10 056**	**12 457**	**12 136**	**14 816**
北　京	132	90	111	90	90	68	106	73
天　津	191	81	381	81	80	285	327	333
河　北	1 147	508	2 076	508	465	1 423	1 450	2 034
山　西	645	300	1 044	300	295	831	830	984
内蒙古	489	235	773	234	232	703	648	770
辽　宁	502	332	582	332	332	495	483	569
吉　林	259	170	312	170	170	273	275	310
黑龙江	353	215	329	215	209	312	312	329
上　海	182	185	96	185	181	87	94	84
江　苏	990	783	705	783	694	617	617	691
浙　江	1 366	1 184	483	1 184	1 130	427	431	475
安　徽	499	367	439	367	339	363	358	434
福　建	443	352	334	352	300	243	241	331
江　西	747	659	223	659	612	194	189	223
山　东	1 664	951	1 946	949	922	1 783	1 677	1 927
河　南	877	541	993	541	467	794	787	982
湖　北	443	327	325	326	298	269	257	305
湖　南	383	290	271	282	264	247	211	247
广　东	904	800	404	800	778	359	372	387
广　西	357	280	271	280	253	169	199	268
海　南	62	48	57	48	48	49	49	57
重　庆	354	291	193	291	285	160	158	192
四　川	659	506	479	505	422	364	358	447
贵　州	341	251	256	250	240	213	194	242
云　南	411	239	477	239	235	303	272	469
陕　西	374	210	391	210	206	332	322	384
甘　肃	311	184	363	184	166	298	225	360
青　海	77	37	128	37	34	108	70	127
宁　夏	169	106	192	106	104	183	171	191
新　疆	428	210	594	210	205	505	453	591

各地区环境监察执法情况（二）

（2017）

地区名称	排污费解缴入库户数/户	排污费解缴入库户金额/万元	下达处罚决定书数/个	罚没额数额/万元
总　计	**259 626**	**2 199 140**	**233 167**	**1 158 048.5**
国家级	—	—	2	3 877.8
北　京	7 310	59 787	24 881	20 514.0
天　津	3 591	50 594	4 661	22 238.0
河　北	17 055	254 114	22 060	110 993.5
山　西	6 515	113 466	5 371	56 716.9
内蒙古	2 878	97 836	2 796	21 440.5
辽　宁	10 639	87 534	5 393	69 988.0
吉　林	6 972	28 975	3 209	14 933.9
黑龙江	5 105	37 646	1 059	22 928.7
上　海	2 730	65 184	4 477	47 689.0
江　苏	24 838	248 151	14 050	90 384.4
浙　江	17 272	80 909	15 674	80 476.2
安　徽	6 710	63 507	4 441	18 562.6
福　建	11 906	44 431	6 569	24 600.0
江　西	7 441	84 375	2017	19 023.6
山　东	11 667	212 579	45 140	142 835.6
河　南	14 135	75 118	7 248	32 239.9
湖　北	8 620	76 231	3 484	25 319.1
湖　南	12 003	52 102	4 726	19 125.2
广　东	41 449	76 721	20 348	106 535.1
广　西	6 359	35 203	2 168	6 521.2
海　南	562	4 457	1 205	10 823.3
重　庆	6 836	40 337	4 032	17 485.6
四　川	9 070	65 411	11 014	65 673.2
贵　州	4 908	49 461	3 252	34 368.6
云　南	2 731	20 286	2 073	12 004.5
西　藏	—	—	644	2 399.1
陕　西	2 766	54 530	5 226	15 613.5
甘　肃	2 166	22 305	1 325	8 511.1
青　海	525	8 080	732	5 332.1
宁　夏	1 239	28 054	758	8 921.8
新　疆	3 628	61 756	2 819	16 787.9

各地区环境监察执法情况（三）

（2017）

地区名称	执法人员数量/人	持有环境监察执法证件人数/人	纳入随机抽查的污染源数量/家	随机抽查污染源数量/（家/次）
总　计	**94 929**	**69 175**	**809 526**	**632 603**
国家级	304	268	—	—
北　京	808	417	48 371	11 668
天　津	459	272	30 202	3 713
河　北	10 167	5 361	40 847	48 230
山　西	6 272	3 709	22 633	26 434
内蒙古	2 942	1 512	5 433	7 550
辽　宁	3 407	1 872	21 621	21 620
吉　林	2 595	2 108	15 893	10 494
黑龙江	2 337	1 610	14 082	18 874
上　海	566	416	33 055	5 607
江　苏	3 430	2 712	111 327	59 371
浙　江	4 344	2 187	73 717	54 423
安　徽	2 695	2 055	16 723	16 025
福　建	2 026	1 411	34 312	15 255
江　西	2 568	1 175	12 535	9 923
山　东	6 328	3 512	29 493	75 012
河　南	11 064	6 816	30 400	37 231
湖　北	3 338	2 497	48 713	6 970
湖　南	2 859	2 440	22 944	29 854
广　东	5 682	1 191	71 061	37 433
广　西	1 826	878	31 467	13 470
海　南	570	0	1 046	3 026
重　庆	3 222	861	19 525	6 224
四　川	4 173	2 578	19 286	23 482
贵　州	1 181	964	13 533	13 653
云　南	1 926	1 305	14 951	20 846
西　藏	453	58	1 390	6 909
陕　西	2 764	2 344	5 739	7 188
甘　肃	1 878	1 172	6 052	14 612
青　海	513	316	1 309	977
宁　夏	448	377	1 509	4 651
新　疆	1 784	1 309	10 357	21 878

各地区环境应急情况

（2017）

单位：次

地区名称	突发环境事件次数	特别重大环境事件次数	重大环境事件次数	较大环境事件次数	一般环境事件次数	地级以上城市启动重污染天气应急预案		当年受理群众微信举报件数量
						启动次数	启动天数	
总 计	**302**	**0**	**1**	**6**	**295**	**875**	**4 673**	**129 423**
北 京	11	0	0	0	11	12	26	2 744
天 津	0	0	0	0	0	16	53	3 464
河 北	2	0	0	1	1	130	650	6 372
山 西	19	0	0	1	18	17	365	3 742
内蒙古	1	0	0	0	1	3	5	937
辽 宁	15	0	0	0	15	17	44	3 131
吉 林	0	0	0	0	0	20	108	1 970
黑龙江	0	0	0	0	0	78	223	1 594
上 海	0	0	0	0	0	2	3	3 119
江 苏	8	0	0	0	8	62	164	7 035
浙 江	13	0	0	0	13	6	10	6 300
安 徽	4	0	0	0	4	8	30	3 478
福 建	15	0	0	0	15	0	0	5 760
江 西	6	0	0	1	5	0	0	4 211
山 东	8	0	0	0	8	139	478	7 707
河 南	5	0	0	0	5	215	1 729	15 405
湖 北	18	0	0	1	17	40	130	2 855
湖 南	15	0	0	1	14	7	23	3 109
广 东	48	0	0	0	48	1	2	25 670
广 西	8	0	0	0	8	0	0	3 431
海 南	4	0	0	0	4	0	0	154
重 庆	12	0	0	0	12	19	54	1 794
四 川	16	0	1	0	15	77	540	5 670
贵 州	11	0	0	0	11	0	0	1 401
云 南	4	0	0	0	4	0	0	1 925
西 藏	0	0	0	0	0	0	0	0
陕 西	32	0	0	0	32	2	26	2 609
甘 肃	5	0	0	0	5	2	6	1 527
青 海	3	0	0	0	3	0	0	213
宁 夏	11	0	0	1	10	0	0	1 076
新 疆	8	0	0	0	8	2	4	1 020

12

主要生态环境统计指标解释

12.1 工业企业污染排放及处理利用情况

取水量指调查年度企业厂区内用于工业生产活动的水量中从外部取水的量。根据《工业企业产品取水定额编制通则》（GB/T 18820—2002），工业生产的取水量，包括取自地表水（以净水厂供水计量）、地下水、城镇供水工程，以及企业从市场购得的其他水（如其他企业回用水量）或水的产品（如蒸汽、热水、地热水等）的水量。其中，工业生产包括主要生产、辅助生产和附属生产。

工业生产的用水量包括主要生产用水、辅助生产（包括机修、运输、空压站等）用水和附属生产用水（包括绿化、食堂、厕所、保健站等）；不包括非工业生产单位的用水（如基建用水、厂内居民家庭用水和企业附属幼儿园、学校、对外营业的浴室、游泳池等的用水量）和居民生活用水量。

煤炭消耗量指调查年度企业所用煤炭的总消耗量。

燃料煤消耗量指调查年度企业厂区内用作燃料的煤炭消耗量（实物量），包括企业厂区内生产、生活用燃料煤，也包括砖瓦、石灰等产品生产用的内燃煤，不包括在生产工艺中用作原料并能转换成新的产品实体的煤炭消耗量。例如转换为水泥、焦炭、煤气、碳素、活性炭、氮肥的煤炭。

燃料油消耗量（不含车船用）指调查年度企业用作燃料的原油、汽油、柴油、煤油等各种油料总消耗量，不包括车船交通用油量。

焦炭消耗量指调查年度企业消耗的焦炭总量。

天然气消耗量指调查年度企业用作燃料的天然气消耗量。

工业锅炉数量指调查年度企业厂区内用于生产和生活的大于1蒸吨（含1蒸吨）的蒸汽锅炉、热水锅炉总台数和总蒸吨数，包括燃煤、燃油、燃气的锅炉，不包括茶炉。

其中，

20蒸吨以上的指调查年度企业厂区内用于生产和生活的大于20蒸吨的蒸汽锅炉、热水锅炉总台数和总蒸吨数。

安装脱硫设施的指调查年度企业厂区内用于生产和生活的大于20蒸吨的蒸汽锅炉、热水锅炉中安装了脱硫设施的总台数和总蒸吨数。

10～20（含）蒸吨的指调查年度企业厂区内用于生产和生活的大于10蒸吨小于20蒸吨（含20蒸吨）的蒸汽锅炉、热水锅炉总台数和总蒸吨数。

10（含）蒸吨以下的指调查年度企业厂区内用于生产和生活的小于10蒸吨（含10蒸吨）的蒸汽锅炉、热水锅炉总台数和总蒸吨数。

工业炉窑数量指调查年度企业生产用的炉窑总数，如炼铁高炉、炼钢炉、冲天炉、烘干炉窑、锻造加热炉、水泥窑、石灰窑等。

工业废水排放量指调查年度经过企业厂区所有排放口排到企业外部的工业废水量。包括生产废水、外排的直接冷却水、废气治理设施废水、超标排放的矿井地下水和与工业废水混排的厂区生活污水，不包括独立外排的间接冷却水（清浊不分流的间接冷却水应计算在内）。

直接冷却水指在生产过程中，为满足工艺过程需要，使产品或半成品冷却所用与之直接接触的冷却水（包括调温、调湿使用的直流喷雾水）。

间接冷却水指在工业生产过程中，为保证生产设备能在正常温度下工作，用来吸收或转移生产设备的多余热量，所使用的冷却水（此冷却用水与被冷却介质之间由热交换器壁或设备隔开）。

直接排入环境的指废水经过工厂的排污口或经过下水道直接排入环境中，包括排入海、河流、湖泊、水库、蒸发地、渗坑以及农田等。对应的排水去向代码为 A、B、C、D、F、G、K。

排入污水处理厂的指企业产生的废水直接或间接经市政管网排入污水处理厂的废水量，包括排入城镇污水处理厂、工业废水集中处理厂以及其他单位的污水治理设施的废水量。对应的排水去向代码为 E、L、H。

工业废水处理量指经各种水治理设施（含城镇污水处理厂、工业废水处理厂）实际处理的工业废水量，包括处理后外排的和处理后回用的工业废水量。虽经处理但未达到国家或地方排放标准的废水量也应计算在内。计算时，如遇有车间和厂排放口均有治理设施，并对同一废水分级处理时，不应重复计算工业废水处理量。

工业废水中污染物产生量指调查年度调查对象生产过程中产生的未经过处理的废水中所含的化学需氧量、氨氮、总氮、总磷、石油类、挥发酚、氰化物等污染物和砷、铅、汞、镉、六价铬、总铬等重金属本身的纯质量。它可采用产排污系数根据生产的产品产量或原辅料用量计算求得，也可以通过工业废水产生量和其中污染物的浓度相乘求得，计算公式为

污染物产生量（纯质量）= 工业废水产生量×废水治理设施入口污染物的平均浓度（无治理设施可使用排口浓度）

计算砷、铅、汞、镉、六价铬、总铬等重金属污染物时，上述计算公式中“工业废水产生量”为产生重金属废水的车间年实际产生的废水量，“废水治理设施入口污染物的平均浓度”为该车间废水治理设施入口的年实际加权平均浓度，如没有设施则为车间排口的年实际加权平均浓度。

工业废水中污染物排放量指调查年度企业排放的工业废水中所含化学需氧量、氨氮、总氮、总磷、石油类、挥发酚、氰化物等污染物和砷、铅、汞、镉、六价铬等重金属本身的纯质量。它可采用产排污系数根据生产的产品产量或原辅料用量计算求得，也可以通过工业废水排放量和其中污染物的浓度相乘求得，计算公式为

污染物排放量（纯质量）=工业废水排放量×排放口污染物的平均浓度

（1）如企业排出的工业废水经城镇污水处理厂或工业废水处理厂集中处理的，计算化学需氧量、氨氮、总氮、总磷、石油类、挥发酚、氰化物等污染物时，上述计算公式中“排放口污染物的平均浓度”即为污水处理厂排放口的年实际加权平均浓度。如果厂界排放浓度低于污水处理厂的排放浓度，以污水处理厂的排放浓度为准。

(2) 计算砷、铅、汞、镉、六价铬等重金属污染物时，上述计算公式中"工业废水排放量"为车间排放口的年实际废水量，"排放口污染物的平均浓度"为车间排放口的年实际加权平均浓度。

工业废气排放量指调查年度企业厂区内排入空气中含有污染物的气体的总量，以标准状态（273开尔文，101 325帕斯卡）计。

废气污染物产生量指调查年度调查对象相应生产线生产过程中产生的未经过处理的废气中所含的污染物的质量。如二氧化硫、氮氧化物、颗粒物、挥发性有机物。

颗粒物产生量指生产过程中产生的未经过处理的废气中所含的烟尘及工业粉尘的总质量。烟尘是指通过燃烧煤、石煤、柴油、木柴、天然气等产生的烟气中的尘粒。通过有组织排放的，俗称烟道尘。工业粉尘指在生产工艺过程中排放的能在空气中悬浮一定时间的固体颗粒。如钢铁企业耐火材料粉尘、焦化企业的筛焦系统粉尘、烧结机的粉尘、石灰窑的粉尘、建材企业的水泥粉尘等。

废气污染物排放量指调查年度调查对象在生产过程中排入大气的废气污染物的质量，包括有组织排放量和无组织排放量。

废水治理设施数量指调查年度企业用于防治水污染和经处理后综合利用水资源的实有设施（包括构筑物）数，以一个废水治理系统为单位统计。附属于设施内的水治理设备和配套设备不单独计算。备用的、调查年度未运行的、已经报废的设施不统计在内。

只填报企业内部的废水治理设施，工业废水排入的城镇污水处理厂、集中工业废水处理厂不能算作企业的废水治理设施。企业内的废水治理设施包括一级、二级和三级处理的设施，如企业有2个排污口，1个排污口为一级处理（隔油池、化粪池、沉淀池等），另1个排污口为二级处理（如生化处理），则该企业有2套废水治理设施；若该企业只有1个排污口，经由该排污口的废水先经过一级处理，再经二级（甚至三级）处理后外排，则该企业视为1套废水治理设施。即针对同一股废水的所有水治理设备均视为1套治理设施，针对不同废水的水治理设备可视为多套治理设施。

废水治理设施处理能力指调查年度企业内部的所有废水治理设施具有的废水处理能力。

废水治理设施运行费用指调查年度企业维持废水治理设施运行所发生的费用。包括能源消耗、设备维修、人员工资、管理费、药剂费及与设施运行有关的其他费用等。

废气治理设施数量指调查年度企业用于减少排向大气的污染物或对污染物加以回收利用的废气治理设施总数，以一个废气治理系统为单位统计。包括除尘、脱硫、脱硝及其他的污染物的烟气治理设施。备用的、调查年度未运行的、已报废的设施不统计在内。

废气治理设施处理能力指调查年度企业废气治理设施的处理能力。

废气治理设施运行费用指调查年度维持废气治理设施运行所发生的费用。包括能源消耗、设备折旧、设备维修、人员工资、管理费、药剂费及与设施运行有关的其他费用等。

一般工业固体废物产生量指当年全年调查对象实际产生的一般工业固体废物的量。一般工业固体废物指企业在工业生产过程中产生且不属于危险废物的工业固体废物。根据其性质分为两种：

(1) 第Ⅰ类一般工业固体废物：按照HJ 557规定方法获得的浸出液中任何一种特征污染物浓度

均未超过 GB 8978 最高允许排放浓度（第二类污染物最高允许排放浓度按照一级标准执行），且 pH 在 6～9 的一般工业固体废物；

（2）第Ⅱ类一般工业固体废物：按照 HJ 557 规定方法获得的浸出液中有一种或一种以上的特征污染物浓度超过 GB 8978 最高允许排放浓度（第二类污染物最高允许排放浓度按照一级标准执行），或 pH 在 6～9 的一般工业固体废物。

主要包括：

代码	名称	代码	名称
SW01	冶炼废渣	SW07	污泥
SW02	粉煤灰	SW08	放射性废物
SW03	炉渣	SW09	赤泥
SW04	煤矸石	SW10	磷石膏
SW05	尾矿	SW99	其他废物
SW06	脱硫石膏		

不包括矿山开采的剥离废石和掘进废石（煤矸石和呈酸性或碱性的废石除外）。酸性或碱性废石是指采掘的废石其流经水、雨淋水的 pH 小于 4 或 pH 大于 10.5 者。

冶炼废渣指在冶炼生产中产生的高炉渣、钢渣、铁合金渣等，不包括列入《国家危险废物名录》（2016 年版）中的金属冶炼废物。

粉煤灰指从燃煤过程产生烟气中收捕下来的细微固体颗粒物，不包括从燃煤设施炉膛排出的灰渣。主要来自电力、热力的生产和供应行业和其他使用燃煤设施的行业，又称飞灰或烟道灰。主要从烟道气体收集而得，应与其烟尘去除量基本相等。

炉渣指企业燃烧设备从炉膛排出的灰渣，不包括燃料燃烧过程中产生的烟尘。

煤矸石指与煤层伴生的一种含碳量低、比煤坚硬的黑灰色岩石，包括巷道掘进过程中的掘进矸石，采掘过程中从顶板、底板及夹层里采出的矸石以及洗煤过程中挑出的洗矸石。主要来自煤炭开采和洗选行业。

尾矿指矿山选矿过程中产生的有用成分含量低、在当前的技术经济条件下不宜进一步分选的固体废物，包括各种金属和非金属矿石的选矿。主要来自采矿业。

脱硫石膏指废气脱硫的湿式石灰石/石膏法工艺中，吸收剂与烟气中二氧化硫等反应后生成的副产物。

污泥指污水处理厂污水处理中排出的、以干泥量计的固体沉淀物，不包括列入《国家危险废物名录》（2016 版）属于危险废物的污泥。

赤泥指含铝的矿物原料制取氧化铝或氢氧化铝后所产生的废渣。

磷石膏指在磷酸生产中用硫酸分解磷矿时产生的二水硫酸钙、酸不溶物，未分解磷矿及其他杂质的混合物。主要来自磷肥制造业。

其他废物指除上述 10 类一般工业固体废物以外的未列入《国家危险废物名录》（2016 年版）中

的固体废物，如机械工业切削碎屑、研磨碎屑、废砂型等；食品工业的活性炭渣；硅酸盐工业和建材工业的砖、瓦、碎砾、混凝土碎块等。

一般工业固体废物产生量=（一般工业固体废物综合利用量-其中：综合利用往年贮存量）+一般工业固体废物贮存量+（一般工业固体废物处置量-其中：处置往年贮存量）+ 一般工业固体废物倾倒丢弃量

一般工业固体废物综合利用量指调查年度企业通过回收、加工、循环、交换等方式，从固体废物中提取或者使其转化为可以利用的资源、能源和其他原材料的固体废物量（包括当年利用的往年工业固体废物累计贮存量）。如用作农业肥料、生产建筑材料、筑路等。综合利用量由原产生固体废物的单位统计。

工业固体废物综合利用的主要方式：

序号	综合利用方式	序号	综合利用方式
1	铺路	9	再循环/再利用不是用作溶剂的有机物
2	建筑材料	10	再循环/再利用金属和金属化合物
3	农肥或土壤改良剂	11	再循环/再利用其他无机物
4	矿渣棉	12	再生酸或碱
5	铸石	13	回收污染减除剂的组分
6	其他	14	回收催化剂组分
7	作为燃料（直接燃烧除外）或以其他方式产生能量	15	废油再提炼或其他废油的再利用
8	溶剂回收/再生（如蒸馏、萃取等）	16	其他有效成分回收

综合利用往年贮存量指企业在调查年度对往年贮存的工业固体废物进行综合利用的量。

一般工业固体废物贮存量指调查年度企业以综合利用或处置为目的，将固体废物暂时贮存或堆存在专设的贮存设施或专设的集中堆存场所内的量。专设的固体废物贮存场所或贮存设施必须有防扩散、防流失、防渗漏、防止污染大气、水体的措施。

粉煤灰、钢渣、煤矸石、尾矿等的贮存量指排入灰场、渣场、矸石场、尾矿库等贮存的量。

专设的固体废物贮存场所或贮存设施指符合环保要求的贮存场，即选址、设计、建设符合《一般工业固体废物贮存、处置场污染控制标准》（GB 18599—2001）等相关环保法律法规要求，具有防扩散、防流失、防渗漏、防止污染大气和水体措施的场所和设施。

工业固体废物贮存的主要方式：

序号	贮存方式
1	灰场堆放
2	渣场堆放
3	尾矿库堆放
4	其他贮存（不包括永久性贮存）

一般工业固体废物处置量指调查年度企业将工业固体废物焚烧和用其他改变工业固体废物的物理、化学、生物特性的方法，达到减少或者消除其危险成分的活动，或者将工业固体废物最终置于符合环境保护规定要求的填埋场的活动中，所消纳固体废物的量。

处置方式包括填埋、焚烧、专业贮存场（库）封场处理、回填矿井及海洋处置（经海洋管理部门同意投海处置）等。

处置量包括本单位处置或委托给外单位处置的量，还包括当年处置的往年工业固体废物贮存量。

工业固体废物处置的主要方式：

处置方式
围隔堆存（属永久性处置）
填埋
置放于地下或地上（如填埋、填坑、填浜）
特别设计填埋
海洋处置
经生态环境管理部门同意的投海处置
埋入海床
焚化
陆上焚化
海上焚化
水泥窑协同处置（指将满足或经过预处理后满足入窑要求的固体废物投入水泥窑，在进行水泥熟料生产的同时实现对固体废物的无害化处置过程）
固化
其他处置（属于未在上面5种指明的处置作业方式外的处置）
废矿井永久性堆存（包括将容器置于矿井）
土地处理（属于生物降解，适合于液态固体废物或污泥固体废物）
地表存放（将液态固体废物或污泥固体废物放入坑、氧化塘、池中）
生物处理
物理化学处理
经生态环境管理部门同意的排入海洋之外的水体（或水域）
其他处理方法

处置往年贮存量指调查年度企业按照《关于固体废物处置、综合利用的作业方式的规定》的要求，处置的上一调查年度末企业累计贮存的工业固体废物的量。

一般工业固体废物倾倒丢弃量指调查年度企业将所产生的固体废物倾倒或者丢弃到固体废物污染防治设施、场所以外的量。倾倒丢弃方式包括：

（1）向水体排放的固体废物；

（2）在江河、湖泊、运河、渠道、海洋的滩场和岸坡倾倒、堆放和存贮废物；

（3）利用渗井、渗坑、渗裂隙和溶洞倾倒废物；

（4）向路边、荒地、荒滩倾倒废物；

（5）未经环保部门同意作填坑、填河和土地填埋固体废物；

（6）混入生活垃圾进行堆置的废物；

（7）未经海洋管理部门批准同意，向海洋倾倒废物；

（8）其他去向不明的废物；

（9）深层灌注。

一般工业固体废物倾倒丢弃量计算公式为

一般工业固体废物倾倒丢弃量＝一般工业固体废物产生量－一般工业固体废物贮存量－（一般工业固体废物综合利用量－其中：综合利用往年贮存量）－（一般工业固体废物处置量－其中：处置往年贮存量）

危险废物产生量按《国家危险废物名录》填报。危险废物指列入国家危险废物名录或者根据国家规定的危险废物鉴别标准和鉴别方法认定的，具有爆炸性、易燃性、易氧化性、毒性、腐蚀性、易传染性疾病等危险特性之一的废物。

危险废物利用处置量指调查年度调查对象从危险废物中提取物质作为原材料或者燃料的活动中消纳危险废物的量，以及将危险废物焚烧和用其他改变危险废物物理、化学、生物特性的方法，达到减少或者消除其危险成分的活动，或者将危险废物最终置于符合环境保护规定要求的填埋场的活动中，所消纳危险废物的量。包括本单位自行利用处置的本单位产生和接收外单位危险废物量。

危险废物的利用或处置方式：

代码	说明
危险废物（不含医疗废物）利用方式	
R1	作为燃料（直接燃烧除外）或以其他方式产生能量
R2	溶剂回收/再生（如蒸馏、萃取等）
R3	再循环/再利用不是用作溶剂的有机物
R4	再循环/再利用金属和金属化合物
R5	再循环/再利用其他无机物
R6	再生酸或碱
R7	回收污染减除剂的组分
R8	回收催化剂组分
R9	废油再提炼或其他废油的再利用
R15	其他
危险废物（不含医疗废物）处置方式	
D1	填埋
D9	物理化学处理（如蒸发、干燥、中和、沉淀等），不包括填埋或焚烧前的预处理
D10	焚烧
D16	其他
其他	
C1	水泥窑协同处置
C2	生产建筑材料
C3	清洗（包装容器）
医疗废物处置方式	
Y10	医疗废物焚烧
Y11	医疗废物高温蒸汽处理
Y12	医疗废物化学消毒处理
Y13	医疗废物微波消毒处理
Y16	医疗废物其他处置方式

危险废物利用处置往年贮存量指调查年度调查对象对往年贮存的危险废物进行处置和综合利用的量。

危险废物送持证单位量指将所产生的危险废物运往持有危险废物经营许可证的单位综合利用、进行处置或贮存的量。危险废物经营许可证是根据《危险废物经营许可证管理办法》由相应管理部门审批颁发。

危险废物（本年末）贮存量指截至调查年度年末，调查对象将危险废物以一定包装方式暂时存放在专设的贮存设施内的量。专设的贮存设施应符合《危险废物贮存污染控制标准》（GB 18597—2001）等相关环保法律法规要求，具有防扩散、防流失、防渗漏、防止污染大气和水体措施的设施。

12.2 工业企业污染防治投资情况

污染治理项目名称指以治理老污染源的污染、“三废”综合利用为主要目的的工程项目名称，或本年完成建设项目竣工环境保护验收的项目名称。

项目类型指按照不同的项目性质，老工业源污染治理项目分为两类，并给予不同的代码。

1-老工业污染源治理在建项目；2-老工业污染源治理本年竣工项目。

治理类型指按照不同的企业污染治理对象，污染治理项目分为 14 类：

1-工业废水治理；2-工业废气脱硫治理；3-工业废气脱硝治理；4-其他废气治理；5-一般工业固体废物治理；6-危险废物治理（企业自建设施）；7-噪声治理（含振动）；8-电磁辐射治理；9-放射性治理；10-工业企业土壤污染治理；11-矿山土壤污染治理；12-污染物自动在线监测仪器购置安装；13-污染治理搬迁；14-其他治理（含综合防治）。

本年完成投资及资金来源指在调查年度，企业实际用于环境治理工程的投资额。投资额中的资金来源，是指投资单位在本年内收到的用于污染治理项目投资的各种货币资金，包括排污费补助、政府其他补助、企业自筹。各种来源的资金均为调查年度投入的资金，不包括以往历年的投资。

本年污染治理资金合计＝排污费补助+政府其他补助+企业自筹

竣工项目设计或新增处理能力设计能力是指设计中规定的主体工程（或主体设备）及相应的配套的辅助工程（或配套设备）在正常情况下能够达到的处理能力。调查年度竣工的污染治理项目，属新建项目的填写设计文件规定的处理、利用“三废”能力；属改扩建、技术改造项目的填写经改造后新增加的处理利用能力，不包括改扩建之前原有的处理能力；只更新设备或重建构筑物，处理利用“三废”能力没有改变的则不填。

工业废水设计处理能力的计量单位为吨/天（t/d）；工业废气设计处理能力的计量单位为标米^3/时（m^3/h）；工业固体废物设计处理能力的计量单位为吨/天（t/d）；噪声治理（含振动）设计处理能力以降低分贝数表示；电磁辐射治理设计处理能力以降低电磁辐射强度表示（电磁辐射计量单位有电场

强度单位为伏特/米（V/m）、磁场强度单位为安培/米（A/m）、功率密度单位为瓦特/米^2（W/m^2）。放射性治理设计处理能力以降低放射性浓度表示，废水计量单位为贝可勒尔/升（Bq/L），固体废物计量单位为贝可勒尔/千克（Bq/kg）。

12.3 大型畜禽养殖场污染排放及处理利用情况

饲养量指被调查对象当年饲养的畜禽（奶牛、蛋鸡）平均存栏数量，或调查对象当年畜禽（生猪、肉牛、肉鸡）出栏总数。

取水量指调查年度养殖场区内用于生产活动的水量中从外部取水的量。包括取自地表水（以净水厂供水计量）、地下水、城镇供水工程，以及从市场购得的其他水（如其他企业回用水量）或水的产品（如蒸汽、热水、地热水等），不包括自取的海水和苦咸水等以及为外供给市场的水的产品（如蒸气、热水、地热水等）而取用的水量，也不包括对天然水、污水、海水以及雨水、微咸水等类似水进行收集、处理后作为产品供应和利用而取用的水量。

固肥产生量指调查年度养殖场由所调查的畜种所产生的固态肥料的总量，包括粪和垫料等。

接收外单位固肥量指调查年度接收的其他养殖场的、在本场进行利用的固态肥料量。

固肥利用量指调查年度养殖场经过各种方式进行利用的固肥总量。

送外单位处理利用量指调查年度养殖场送到其他单位以各种方式进行利用的总量。

液肥产生量指调查年度养殖场由所调查的畜种所产生的液态肥料的总量，包括尿液和冲刷粪、尿的废水。

接收外单位液肥量指调查年度接收的其他养殖场的、在本场进行利用的液态肥料量。

液肥利用量指调查年度养殖场经过各种方式进行利用的液肥总量。

农业利用包括直接农业利用、简单堆肥后利用、种植食用菌、水产养殖。

生产有机肥指通过生物发酵、干燥等工艺制成商品有机肥。

生产沼气指通过厌氧发酵生产沼气、沼气得到有效利用的处理方式。

处理后排放指尿液、污水经过耗氧或厌氧等各种方式处理后排入环境。

无利用包括直接排入环境、没有固定防雨堆场的粪尿处理方式。

12.4 生活污染排放及处理情况

生活煤炭消费量指报告期内调查区域用作生活的煤炭总量，包括第三产业及居民生活用煤。生活煤炭消费量计算公式为

生活煤炭消费量 = 全社会煤炭消费总量-工业用煤炭消费总量

生活用水总量指报告期内调查区域住宿业与餐饮业、居民服务和其他服务业、医院以及城镇生活等的用水总量（含自来水和自备水），包括居民家庭用水和公共服务用水两个部分（包括自来水和自备水），以城市供水管理部门的统计数据为准。

生活污水排放量用城镇污水排放系数法测算。

生活污水污染物产生量指报告期内各类生活源从贮存场所排入市政管道、排污沟渠和周边环境的量。

生活污水污染物排放量指报告期内最终排入外环境生活污水污染物的量，即生活污水污染物产生量扣减经集中污水处理设施去除的生活污水污染物量。

12.5 机动车

载客汽车指设计和技术特性上主要用于载运人员的汽车，包括以载运人员为主要目的的专用汽车。

载货汽车指设计和技术特性上主要用于载运货物或牵引挂车的汽车，包括以载运货物为主要目的的专用汽车。

低速汽车指三轮汽车和低速货车的总称。

摩托车指由动力装置驱动的，具有两个或三个车轮的道路车辆，但不包括：①整车整备质量超过400千克的三轮车辆；②最大设计车速、整车整备质量、外廓尺寸等指标符合有关国家标准的残疾人机动车轮骑车；③电驱动的，最大设计车速不大于20千米/时且整车整备质量符合相关国家标准的两轮车辆。

12.6 污水处理厂

污水处理厂包括城镇生活污水处理厂、工业废（污）水集中处理设施和其他污水处理设施。

城镇生活污水处理厂指在城镇或工业区，城市污水（生活污水、工业废水）通过排水管道集中于一个或几个处所，并利用由各种处理单元组成的污水处理系统进行净化处理，最终使处理后的污水和污泥达到规定要求后排放或再利用的设施。

工业废（污）水集中处理设施指提供社会化有偿服务，专门从事为工业园区、联片工业企业或周边企业处理工业废水（包括一并处理周边地区生活污水）的集中设施或独立运营的单位。不包括企业内部的污水处理设施。

其他污水处理设施指对不能纳入城市污水收集系统的居民区、风景旅游区、度假村、疗养院、机场、铁路车站以及其他人群聚集地排放的污水进行就地集中处理的设施。

污水处理厂累计完成投资指截至当年末调查对象建设实际完成的累计投资额，不包括运行费用。

新增固定资产指报告期内交付使用的固定资产价值。对于新建污水处理厂，本年新增固定资产投资等于总投资；对于改建、扩建污水处理厂，本年新增固定资产投资仅指报告期内交付使用的改建、扩建部分的固定资产投资，属于累计完成投资的一部分。

本年运行费用指报告期内维持污水处理厂（或处理设施）正常运行所发生的费用。包括能源消耗、设备维修、人员工资、管理费、药剂费及与污水处理厂（或处理设施）运行有关的其他费用等，不包括设备折旧费。

污水设计处理能力指截至当年末调查对象设计建设的设施正常运行时每天能处理的污水量。

污水实际处理量指调查对象报告期内实际处理的污水总量。

生活污水处理量指调查对象报告期内实际处理的污水中生活污水总量。

工业废水处理量指调查对象报告期内实际处理的污水中工业废水总量。

再生水利用量指调查对象报告期内处理后的污水中再回收利用的水量，包括直接用于工业冷却、洗涤、冲渣和景观用水、生活杂用。

工业用水量指调查对象报告期内污水再生水利用量中用于工业冷却用水等工业方面的水量。

市政用水指调查对象报告期内污水再生水利用量中用于消防、城市绿化等市政方面的水量。

景观用水量指调查对象报告期内污水再生水利用量中用于营造城市景观水体和各种水景构筑物的水量。

污泥产生量指调查对象报告期内在整个污水处理过程中最终产生污泥的质量。折合含水率为0的干泥量填报。污泥指污水处理厂（或处理设施）在进行污水处理过程中分离出来的固体。

干污泥产生量=湿污泥产生量×（1−n%）

式中：n%为湿污泥的含水率。

污泥处理量指报告期内采用土地利用、填埋、建筑材料利用和焚烧等方法对污泥最终消纳处置的质量。

土地利用量指报告期内将处理后的污泥作为肥料或土壤改良材料，用于园林、绿化或农业等场合的处置方式处置的污泥质量。

填埋处置量指报告期内采取工程措施将处理后的污泥集中堆、填、埋于场地内的安全处置方式处置的污泥质量。

建筑材料利用量指报告期内将处理后的污泥作为制作建筑材料的部分原料的处置方式处置的污泥质量。

焚烧处置量指报告期内利用焚烧炉使污泥完全矿化为少量灰烬的处置方式处置的污泥质量。

污泥倾倒丢弃量指报告期内不做处理利用处置而将污泥任意倾倒弃置到划定的污泥堆放场所以外的任何区域的质量。

12.7 生活垃圾处理场（厂）

垃圾处理场（厂）包括垃圾填埋场（厂）、堆肥场（厂）、焚烧场（厂）和其他方式处理垃圾的处理场（厂）。其中，垃圾焚烧场（厂）不包括垃圾焚烧发电厂，垃圾焚烧发电厂纳入工业源调查。

生活垃圾处理场（厂）累计完成投资指截至当年末调查对象建设实际完成的累计投资额，不包括运行费用。

本年新增固定资产指报告期内交付使用的固定资产价值。对于新建垃圾处理场（厂），本年新增固定资产投资等于总投资；对于改建、扩建垃圾处理场（厂），本年新增固定资产投资仅指报告期内交付使用的改建、扩建部分的固定资产投资，属于累计完成投资的一部分。

本年运行费用指报告期内维持垃圾处理场（厂）正常运行所发生的费用。包括能源消耗、设备维修、人员工资、管理费及与垃圾处理场（厂）运行有关的其他费用等，不包括设备折旧费。

本年实际处理量指报告期内对垃圾采取焚烧、填埋、堆肥或其他方式处理的垃圾总质量。

本年实际填埋量指报告期内以填埋方式处理的垃圾总质量。

本年实际堆肥量指报告期内以堆肥方式处理的垃圾总质量。

本年实际焚烧处理量指调查对象报告期内焚烧处理垃圾的总量。

渗滤液产生量指调查对象报告期内实际产生的渗滤液量。如果没有计量装置可按照产污系数计算产生量。

渗滤液排放量指调查对象报告期内排放到外部的渗滤液的总量(包括经过处理的和未经处理的)。如果没有计量装置可按照排污系数计算排放量。

渗滤液污染物产生量指报告期内未经过处理的渗滤液中所含的化学需氧量、氨氮、油类、总磷、挥发酚、氰化物、砷和汞、镉、铅、铬等重金属污染物本身的纯质量。按年产生量填报。

渗滤液污染物排放量指报告期内排放的渗滤液中所含的化学需氧量、氨氮、油类、总磷、挥发酚、氰化物、砷和汞、镉、铅、铬等重金属污染物本身的纯质量。按年排放量填报。

焚烧废气污染物产生量指报告期内垃圾焚烧过程中产生的未经过处理的废气中所含的二氧化硫、氮氧化物、烟尘和汞、镉、铅等重金属及其化合物（以重金属元素计）的固态、气态污染物的纯质量。按年产生量填报。

焚烧废气污染物排放量指报告期内垃圾焚烧过程中排放到大气中的废气（包括处理过的、未经过处理）中所含的二氧化硫、氮氧化物、烟尘和汞、镉、铅等重金属及其化合物（以重金属元素计）的固态、气态污染物的纯质量。按年排放量填报。

12.8 危险废物（医疗废物）集中处理厂

集中式污染治理设施危险废物集中处理厂指服务于一定区域专营或兼营危险废物集中处理且有危险废物经营许可证的危险废物集中处理厂，不包括危险废物收集经营许可证单位。

危险废物（医疗废物）集中处理厂累计完成投资指截至当年末，调查对象建设实际完成的累计投资额，不包括运行费用。

新增固定资产指报告期内交付使用的固定资产价值。对于新建危险废物（医疗废物）集中处置厂，本年新增固定资产投资等于总投资；对于改建、扩建危险废物（医疗废物）集中处置厂，本年新增固定资产投资仅指报告期内交付使用的改建、扩建部分的固定资产投资，属于累计完成投资的一部分。

本年运行费用指报告期内维持危险废物集中处理厂正常运行所发生的费用。包括能源消耗、设备维修、人员工资、管理费及与危险废物集中处理厂运行有关的其他费用等，不包括设备折旧费。

本年实际处置危险废物量指报告期内调查对象将危险废物焚烧和用其他改变危险废物的物理、化学、生物特性的方法，达到减少已产生的危险废物数量、缩小危险废物体积、减少或者消除其危险成分的活动，或者将危险废物最终置于符合环境保护规定要求的填埋场的活动中，所消纳危险废物的量。

处置工业危险废物量指调查对象报告期内采用各种方式处置的工业危险废物的总量。医疗废物集中处理厂不得填写该项指标。

处置医疗废物量指调查对象报告期内采用各种方式处置的医疗废物的总量。

处置其他危险废物量指调查对象报告期内采用各种方式处置的除工业危险废物和医疗废物以外其他危险废物的总质量，如教学科研单位实验室、机械电器维修、胶卷冲洗、居民生活等产生的危险废物。医疗废物集中处理厂不得填写该项指标。

本年实际利用量指调查对象年度内容以综合利用方式处理的危险废物总质量。

本年实际填埋处置量指调查对象报告期内以填埋方式处置的危险废物总质量。

本年实际焚烧处置量指调查对象报告期内以焚烧方式处置的危险废物总质量。

废水产生量指调查对象报告期内实际产生的废水量。如果没有计量装置可按照产污系数计算产生量。

废水排放量指调查对象报告期内排放到外部的废水的总量（包括经过处理的和未经处理的）。如果没有计量装置可按照排污系数计算排放量。

废水处理量指调查对象调查年度内废水处理设施实际处理的废水总量。未经处理排入市政管网且未进入其他污水处理厂的量不计。

渗滤液污染物产生量指报告期内未经过处理的渗滤液中所含的汞、镉、铅、铬等重金属和砷、氰化物、挥发酚、化学需氧量、氨氮、总磷等污染物本身的纯质量。按年产生量填报。

渗滤液污染物排放量指报告期内排放的渗滤液中所含的汞、镉、铅、总铬等重金属和砷、氰化物、挥发酚、石油类、化学需氧量、氨氮、总磷等污染物本身的纯质量。按年排放量填报。

焚烧废气污染物产生量指报告期内危险废物焚烧过程中产生的未经过处理的废气中所含的二氧化硫、氮氧化物、烟尘和汞、镉、铅等重金属及其化合物（以重金属元素计）的固态、气态污染物的纯质量。按年产生量填报。

焚烧废气污染物排放量指报告期内危险废物焚烧过程中排放到大气中的废气（包括处理过的、未经过处理）中所含的二氧化硫、氮氧化物、烟尘和汞、镉、铅等重金属及其化合物（以重金属元素计）的固态、气态污染物的纯质量。按年排放量填报。

12.9 环境管理

当年受理行政复议案件数量指报告期内本级环保部门受理的所有行政复议案件数量（含非环保案件），包括已受理但未办结的案件；但不包含非本统计年受理而在本统计年内办理或办结的案件。

当年颁布地方性环保法规数量指报告期内由本级地方人大及其常委会颁布的新制定或者修订的，且范围限于由环保部门牵头起草或落实的地方性环保法规数量。

当年废止地方性环保法规数量指报告期内由本级地方人大及其常委会颁布废止的，且范围限于由环保部门牵头起草或落实的地方性环保法规数量。

现行有效的地方性环保法规总数指报告期内由本级地方人大及其常委会颁布的现行有效的，且范围限于由环保部门牵头起草或落实的地方性环保法规总数。

当年颁布地方性环保规章数量指报告期内由本级地方人民政府新制定或者修订，以政府令形式颁布的，且范围限于由环保部门牵头起草或落实的地方性环保规章的数量。

现行有效的地方性环保规章总数指报告期内由本级地方人民政府新制定或者修订，以政府令形式颁布的现行有效的，且范围限于由环保部门牵头起草或落实的地方性环保规章的数量。

当年发布的地方环境保护标准数量指报告期内本级环保部门组织制定的、以地方标准形式发布的环境质量标准、污染物排放（控制）标准、环境监测方法标准、环境管理规范等标准的数量。

当年全国开展强制性清洁生产审核评估企业数量指报告期内本级环保部门组织开展强制性清洁生产审核评估的企业数，包括通过评估和未通过评估的企业总数，以环保部门出具的评估意见或结论时间为准。

审批和备案的建设项目投资总额指报告期内批复和备案环评文件的建设项目投资总额，包含非本年度受理但在本年度批复环评文件的项目。

审批和备案的建设项目环保投资总额指报告期内批复和备案环评文件的建设项目环保投资总额，包含非本年度受理但在本年度批复环评文件的项目。

建设项目环评文件审批数量指报告期内批复的建设项目环境影响报告书和环境影响报告表数量，包含非本年度受理但在本年度批复的项目数量。

环境监测部门/机构数量指各级环保部门内设环境管理部门及所属环境监测机构批复数量，其中，“环境监测中心（站）机构”单独统计，并统计其中“通过检验监测机构资质认定”的机构数量；“其他环境监测类机构”包括部分地区单独设立的预警预报、生态遥感、环境监控、区域流域等功能性专业监测机构。

环境监测人员数量指各级环保部门内设环境管理部门及所属环境监测机构批复编制数量。其中，“环境监测中心（站）人员”单独统计；“其他环境监测类人员”包括部分地区单独设立的预警预报、生态遥感、环境监控、区域流域等功能性专业监测人员。并分别统计两类“通过环境监测人员持证上岗考核”的人员数量。

环境监测用房面积指开展环境监测工作所需的实验室用房、监测业务用房、监测站房等面积，包括租赁用房。

环境监测业务经费指各级环保部门环境监测业务经费保障情况。其中，本级经费包括应列入本级财政预算的人员经费、公用经费、行政事业类项目经费、能力建设项目经费及科研经费等；专项经费包括上级补助性收入、专项转移支付资金、专项课题经费等；事业收入指开展监测服务活动所取得的收入。

监测仪器设备台（套）数及原值总值指基本仪器设备、应急监测仪器设备和专项监测仪器设备等各类监测仪器设备的数量及购置总金额。

环境空气监测点位数量指按照《环境空气质量监测点位布设技术规范（试行）》建设，包含环境空气质量评价城市点、环境空气质量评价区域点、环境空气质量背景点、污染监控点、路边交通点等已建成并使用的监测点位的数量。

其中，

国控监测点位数量指位于本辖区的、由国家批准纳入国家城市环境空气质量监测网络的空气监测点位数量。

酸雨监测点位数量指研究酸雨的时空分布及长期变化的酸雨观测站点位数量。

沙尘天气影响环境质量监测点位数量指监测沙尘天气对环境质量影响的监测点位数量。

地表水水质监测断面（点位）数量指用于对江河、湖泊、水库和渠道的水质监测，包括向国家直接报送监测数据的国控网站、省级、市级、县级控制断面（或垂线）的水质监测点位（断面）数量。

其中，

国控断面（点位）数量指位于本辖区的、由国家组织实施监测的，为反映水体水质状况而设置的监测点位数量。

集中式饮用水水源地监测点位数量指用以监控水源水质变化情况及趋势，为防控风险而设立的监测断面，包括地表水饮用水水源地和地下水饮用水水源地的监测点位数量。

其中，

地表水监测点位数量指位于本辖区的、为反映地表水集中式饮用水水源地水质状况而设置的监测点位数量。

其中，

地下水监测点位数量指位于本辖区的、为反映地下水集中式饮用水水源地水质状况而设置的监测点位数量。

近岸海域监测点位数量指按照《近岸海域环境监测点位布设技术规范》建立，为监测近岸海域环境质量、污染来源及影响而设置的监测点位（断面、排口），包含环境质量监测点位、环境功能区监测点位、潮间带环境质量监测点位、陆域直排海污染源监测点位、入海河流监测断面、海滨浴场监测点位、应急监测点位等的数量。

其中，

近岸海域环境功能区点位数量指位于本辖区的、为反映近岸海域功能区环境质量而布设的监测点位数量。与近岸海域环境质量点位重合的点位应分别统计。

近岸海域环境质量点位数量指位于本辖区的、为反映近岸海域环境质量而布设的环境监测点位数量。与近岸海域环境功能区监测点位重合的点位应分别统计。

开展环境噪声监测的监测点位数量指区域噪声、道路交通噪声、功能区环境噪声监测点位数量的总和。

其中，

区域环境噪声监测点位数量指为评价城市环境噪声总体水平而布设的、本级承担监测任务的监测点位数量。

道路交通噪声监测点位数量指为评价城市道路交通噪声总体水平而布设的、本级承担监测任务的监测点位数量。

功能区环境噪声监测点位数量指为评价声环境功能区昼、夜间达标情况而布设的、本级承担监测任务的监测点位数量。

开展污染源监督性监测的重点排污单位数量指按照相关要求开展污染源监督性监测的重点排污单位数量。

自然保护区个数指报告期内辖区内各级别各类型自然保护区的数量。

自然保护区面积指报告期内辖区内各级别各类型自然保护区的面积。

保护区面积占辖区面积比指报告期内辖区内各级别各类型自然保护区陆地面积占辖区陆地面积的比例。

辐射环境监测用房面积指开展环境监测工作所需的实验室用房、监测业务用房、监测站房等面积，包括租赁用房。

监测仪器设备台套数及原值总值指基本仪器设备、应急监测仪器设备和专项监测仪器设备等各类监测仪器设备的数量及购置总金额。

已实施自动监控的重点排污单位数量指根据污染源自动监控工作进展情况，至报告期末在环保部门污染源监控中心已经实现自动监控的重点排污单位数量。

已实施自动监控的重点排污单位中水排放口数量指已实施自动监控重点排污单位中，环保部门污染源监控中心能够实施自动监控的水排放口数量。

已实施自动监控的重点排污单位中气排放口数量指已实施自动监控重点排污单位中，环保部门污染源监控中心能够实施自动监控的气排放口数量。

已实施自动监控的重点排污单位中化学需氧量监控设备与环保部门稳定联网数量指已实施自动监控重点排污单位中，其化学需氧量自动监控设备正常运行、自动监控数据（浓度和排放量）能通过数据采集与传输设备与环保部门污染源监控中心稳定联网报送的企业数量。

已实施自动监控的重点排污单位中氨氮监控设备与环保部门稳定联网数量指已实施自动监控重点排污单位中，其氨氮自动监控设备正常运行、自动监控数据（浓度和排放量）能通过数据采集与传输设备与环保部门污染源监控中心稳定联网报送的企业数量。

已实施自动监控的重点排污单位中二氧化硫监控设备与环保部门稳定联网数量指已实施自动监控重点排污单位中，其二氧化硫自动监控设备正常运行、自动监控数据（浓度和排放量）能通过数据采集与传输设备与环保部门污染源监控中心稳定联网报送的企业数量。

已实施自动监控的重点排污单位中氮氧化物监控设备与环保部门稳定联网数量指已实施自动监控重点排污单位中，其氮氧化物自动监控设备正常运行、自动监控数据（浓度和排放量）能通过数据采集与传输设备与环保部门污染源监控中心稳定联网报送的企业数量。

已实施自动监控的重点排污单位中烟尘监控设备与环保部门稳定联网数量指已实施自动监控重点排污单位中，其烟尘自动监控设备正常运行、自动监控数据（浓度和排放量）能通过数据采集与传输设备与环保部门污染源监控中心稳定联网报送的企业数量。

实有环境监察执法人员数量指报告期内，本级环境监察执法机构实有在岗工作人员数量。不包括借调到其他部门、长期休假等人员。

持有环境监察执法证件人员数量指报告期内，本级环境监察执法机构中，持有有效的环境监察执法证件的执法人员数量。

纳入日常监管随机抽查信息库的污染源数量指报告期内，本级环保部门按照《关于在污染源日常环境监管领域推广随机抽查制度的实施方案》要求，列入本级污染源日常监管动态信息库的排污单位数量。

日常监管随机抽查污染源数量指报告期内，本级环保部门按照《关于在污染源日常环境监管领域推广随机抽查制度的实施方案》要求，在日常监管中随机抽查污染源的数量。

下达处罚决定书数量指报告期内，本级环保部门下达行政处罚决定书的数量。

罚没款数额指报告期内，本级环保部门罚没款的总额。

当年突发环境事件发生数量指报告期内本级环保部门处置的所有突发环境事件数。包括已处置但未办结的突发环境事件，但不包含非本统计年发生而在本统计年内处置或办结的突发环境事件。

地级以上城市启动重污染天气应急预案频次指按季度统计行政区内各地级以上城市启动各级别应急预案的次数、持续天数。

本级环保能力建设资金使用总额指本级使用的当年已完成的用于提升水污染防治、大气污染防治、固体废物污染防治、土壤污染防治、生态保护以及核与辐射安全等生态环境保护各领域的环境监测、环境执法、环境预警与应急、环境信息、环境科技、环境宣教等各方面能力的购置固定资产投资。其中本级包含各级环境保护行政主管部门及各类环境保护事业单位。

其中，

水污染防治能力建设资金使用总额指用于水污染防治领域水环境监测仪器设备购置、水质自动监测站点建设、废水排放在线监控设施建设、水污染调查取证监督执法能力建设、水环境监测预警能力建设、水污染环境应急设备装备购置、水污染防治科技与宣教等各类能力建设投入资金。

大气污染防治能力建设资金使用总额指用于大气污染防治领域大气环境监测仪器设备购置、大气自动监测站点建设、废气排放在线监控设施建设、大气污染调查取证监督执法能力建设、大气环境监测预警预报能力建设、大气污染环境应急设备装备购置、大气污染防治科技与宣教等各类能力建设投入资金。

固体废物污染防治能力建设资金使用总额指用于固体废物污染防治领域固体废物监测鉴别仪器设备购置、固体废物信息化管理能力建设、固体废物污染防治科技与宣教等各类能力建设投入资金。

噪声污染防治能力建设资金使用总额指用于噪声污染防治领域声环境质量监测仪器设备购置、噪声在线监测站点建设、噪声隔离与防护能力建设、噪声污染防治信息化管理能力建设、噪声污染防治科技与宣教等各类能力建设投入资金。

土壤污染防治能力建设资金使用总额指用于土壤污染防治领域土壤环境质量监测仪器设备购置、土壤污染状况调查取证及监督执法能力建设、土壤污染环境应急设备装备购置、土壤环境信息化管理能力建设、土壤污染防治科技与宣教等各类能力建设投入资金。

生态保护能力建设资金使用总额指用于生态保护领域生态遥感监测能力与生物多样性地面观测能力建设、生态环境质量调查评估能力建设、生态管护与监督执法能力建设、生态保护监管信息化建设、生态保护科技与宣教等各类能力建设投入资金。

核与辐射安全环境保护能力建设资金使用总额指用于核与辐射安全领域核与辐射环境监测仪器设备购置、辐射环境自动监测能力建设、重要核设施周边监督性监测能力建设、核与辐射监督执法能力建设、核与辐射应急监测调度平台及应急设备装备建设、核与辐射监管信息化建设、核与辐射安全环境保护科技与宣教等各类能力建设投入资金。

环境监管运行保障资金使用总额指各级监测、监察、核与辐射安全、宣教等机构开展污染源与总量减排监管、环境监测与评估、环境信息等业务发生的环境监管运行保障经费。不包含固定资产。

当年完成环保验收项目总投资指调查度完成环保验收项目工程总投资的汇总数额。

当年完成环保验收项目环保投资指调查年度完成环保验收项目环保投资的汇总数额。

生态影响类项目指交通运输（公路，铁路，城市道路和轨道交通，港口和航运，管道运输等）、水利水电、石油和天然气开采、矿山采选、电力生产（风力发电）、农业、林业、牧业、渔业、旅游等行业和海洋、海岸带开发、高压输变电线路等主要对生态造成影响的建设项目。

城市基础设施项目指根据《建设项目环境影响评价分类管理目录》，城市基础设施建设项目包括城市基础设施及房地产（U 类）中煤气生产和供应，城市天然气供应，热力生产和供应，自来水生产和供应，生活污水集中处理，工业废水集中处理，海水淡化、其他水处理利用，管网建设，生活垃圾集中转运站，生活垃圾集中处置，城镇粪便处理，危险废物（含医疗废物）集中处置，仓储，城镇河道、湖泊整治以及废旧资源回收加工再生类别的建设项目。

工业企业项目指根据《建设项目环境影响评价分类管理目录》，工业企业项目包括煤炭（D 类），电力［E 类，不含其他能源发电、送（输）变电工程类别］，黑色金属（G 类），有色金属（H 类），金属制品（I 类），非金属矿采及制品制造（J 类），机械，电子（K 类），石化，化工（L 类），医药（M 类），轻工（N 类），纺织化纤（O 类）类别的建设项目。

新增废水处理设施能力指建设项目新增的废水处理设施处理能力，数据来源于建设项目竣工环境保护“三同时”验收登记表。

新增废气处理设施能力指建设项目新增的废气处理设施处理能力，数据来源于建设项目竣工环境保护“三同时”验收登记表。